中国人民警察大学学术著作专项经费资助

消防救援
基础技能训练

赫中全　编著

化学工业出版社
·北京·

内 容 简 介

本书在总结国内消防救援技能训练内容的基础上，根据受训者的实际水平编写而成，主要内容包括：个人防护技能、铺设水带技能、灭火剂喷射技能、登高技能、破拆技能、排烟和照明技能、起重和支撑技能、初起火灾扑救技能以及火场逃生技能。每部分内容既有常用器材简介，也有操作性强、便于组训的实训科目，每个实训科目从操作程序、动作要领及安全注意事项等方面进行了详细的阐述，并借助直观的插图辅助讲解，力求达到图文并茂的效果，以使读者更容易接受。

本书适合普通高等教育本、专科院校消防专业学生教学和新入职消防员学习使用，也可以作为社会消防部门、企事业消防单位、社会组织及社会公众学习消防救援基础技能的辅助教材。

图书在版编目（CIP）数据

消防救援基础技能训练/赫中全编著. —北京：化学工业出版社，2020.8（2025.2 重印）
ISBN 978-7-122-37527-8

Ⅰ.①消…　Ⅱ.①赫…　Ⅲ.①消防-救援-训练-教材
Ⅳ.①TU998.1

中国版本图书馆 CIP 数据核字（2020）第 148806 号

责任编辑：张双进　　　　　　　　　　装帧设计：王晓宇
责任校对：宋　玮

出版发行：化学工业出版社（北京市东城区青年湖南街 13 号　邮政编码 100011）
印　　装：北京瑞禾彩色印刷有限公司
710mm×1000mm　1/16　印张 12½　字数 228 千字　　2025 年 2 月北京第 1 版第 8 次印刷

购书咨询：010-64518888　　　　　　　售后服务：010-64518899
网　　址：http://www.cip.com.cn

凡购买本书，如有缺损质量问题，本社销售中心负责调换。

定　　价：69.00 元

消防救援技能训练是消防救援人员提高战斗力的根本途径，也是最直接最有效的灭火救援战斗准备。特别是国家综合性消防救援队伍改制以来，消防救援队伍更加聚焦主责主业，技能训练成为队伍日常工作的重点内容，是高效履行职责使命的重要抓手。

本书在总结国内消防救援技能训练内容的基础上，详细介绍了基本技能训练的方法、步骤和组训要求，明确了各科目的示范要求，分析了常见的问题，提出了应对的方法和措施。本书按照先基础、后应用、再合成的原则，根据受训者的实际水平，提出了有针对性的、可操作性强的训练内容，以期符合循序渐进、逐步提高的训练要求。

本书的主要内容包括：个人防护技能、铺设水带技能、灭火剂喷射技能、登高技能、破拆技能、排烟和照明技能、起重和支撑技能、初起火灾扑救技能以及火场逃生技能。每部分内容既有常用器材简介，也有操作性强、便于组训的实训科目，每个实训科目从操作程序、动作要领及安全注意事项等方面进行了详细的阐述，并借助直观的插图辅助讲解，力求达到图文并茂的效果，以使读者更容易接受。

本书适合普通高等教育本、专科院校消防专业学生教学和新入职消防员学习使用，也可以作为社会消防部门、企事业消防单位、社会组织及社会公众学习消防救求援基础技能的辅助教材。

由于时间仓促，编者水平有限，书中不妥之处在所难免，敬请广大读者和同行批评指正。

编著者
2020 年 7 月

Contents
目录

第三章
灭火剂喷射技能训练

第四章
登高技能训练

第五章
破拆技能训练

第六章
排烟、照明技能训练

绪　论

消防救援技能训练，是指消防救援队伍、院校为使消防救援指战员、消防专业学员掌握和运用各类消防与应急救援器材装备而进行的基本技能训练。消防救援技能训练是消防救援队伍消防救援业务训练的重要组成部分，是消防救援队伍战斗力提升的关键环节；同时，消防救援技能训练也是院校课程体系中的重要课程，是提高消防专业学员实践动手能力的基本教学平台。

本书中所指的消防救援技能训练主要是指院校在教学中针对消防专业学员而开设的一门专业实训课程。

一、消防救援技能训练的内容

消防救援技能训练的目的是使参训人员了解各类消防救援器材装备的用途和技术性能，熟练掌握操作方法，逐步达到人与器材装备的统一，最大限度地发挥器材装备的技术、战术性能，圆满完成灭火与应急救援任务。

消防救援技能训练的内容包括以下几方面：

一是器材装备的用途、特点，基本构造与战术、技术性能，以及工作原理；

二是器材装备的操作使用方法、使用规则和动作要领；

三是器材装备在各种气候、地形和近似实战条件下的战斗运用与协同；

四是器材装备的检查、维修、保养和排除故障的措施、方法。

二、消防救援技能训练的特点

消防救援技能训练具有操作技能专业化、作业程序规范化和组训方法多样化的特点。

（一）操作技能专业化

随着消防救援队伍消防救援器材装备配置的现代化和系列化，科技含量不断提高，消防救援技能训练的专业化程度越来越高，操作难度也越来越大，特别是一些摄像员、潜水员、搜救犬训导员、消防船（艇）操控人员和特种装备操作人员的训练科目，专业性很强，技术难度很高。另外，由于消防救援技能训练涉及的学科领域比较广泛，各种技能动作的形成又有其客观规律。因此，要对一些专业性强、操作复杂的训练科目进行反复训练，并在实践中不断探索和创新，研究出最佳训练方法，确保参训人员全面掌握专业技能理论和操作方法，以提高训练质量，缩短训练周期。

（二）作业程序规范化

消防救援技能训练是消防救援战术训练的基础。技能训练科目的不同，其训练场地、设施、器材等基础条件，以及操作程序、方法、要领和要求也各不相同；另外，在消防救援作战中，实现一个战术意图需要一系列技能动作来支持。因此，开展消防救援技能训练时，参训人员必须按照每个技能训练科目的技术标准，进行规范作业，以确保在实战中最大限度地发挥消防救援器材装备的作用，达到人与装备的最佳结合，完成相关消防救援作战任务。

（三）组训方法多样化

消防救援技能训练通常根据器材装备配置情况和消防救援任务需求，立足现有装备，坚持贴近实战，针对不同训练科目，分别采取理论学习、个人练习、分组练习、集体练习和协同练习等方法组织训练。因此，消防救援技能训练具有组训方法多样化的特点，这个特点既是提高消防救援技能训练质量的重要保证，也是发展消防救援技能训练的必由之路。

三、消防救援技能训练的基本原则

（一）打牢基础、注重应用

消防救援技能训练必须按教学大纲和教材规定的内容与要求实施，从基础训练科目开始，狠抓基本功训练，扎扎实实地打好技能基础。在练好基本功的基础上，要从难从严从实战需要出发，着重抓好应用训练。训练中要把练技能与练战术、练思想、练作风紧密结合起来，使技能训练更加符合实战的要求。

（二）分步细训、循序渐进

消防救援技能训练根据其特点与规律，按着由浅到深、由易到难分步细训、循序渐进原则进行，要做到先基础后应用，先分步后综合，先分解动作后连贯动作，先进行地面科目后进行高空科目，使参训人员有次序、有步骤掌握消防救援基本技能。

（三）因人施教、方法多样

由于参训人员的科学文化知识基础与消防知识基础不同，对新知识的接受能力和实际需要也就不一样。因此，讲授的内容、程度和所采取的教学方法不能千篇一律，应因人而异，根据不同的情况，灵活地运用不同的方法，使参训人员能"吃得饱"或"吃得了"。要做到因人施教，组训教师在课前必须做好调查研究工作，摸清教学对象的思想素质、文化水平、接受能力、基础和现在的要求等，根据不同的对象确定讲授的程度和方法，以加强教学的针对性，做到有的放矢。一般来讲，集中讲课应从大多数参训人员的实际水平出发，以满足大多数参训人员的需要，对少数基础差的参训人员，可采取重点辅导和课外辅导的方法予以弥补。

（四）严格训练，严格要求

消防救援技能训练只有严格才能练出过硬的技能，只有严格才能防止发生训练事故。因此，一要严格执行技术规定，不降低标准；二是要在训练质量上严格把关，不走过场，对每个训练问题、每个细小动作都要定出明确的标准，要求参训人员反复练习，一丝不苟，达到准确熟练；三要在训练作风上严格要求，统一训练内容和动作，认真执行训练场的有关；规定和要求，周密组织，严格把关。

（五）严密组织，确保安全

消防救援技能训练组织工作要细致周密，安全措施要具体明确，安全检查要贯彻落实。训练中要严格遵守操作规程，防止损坏器材和发生安全事故，尤其是登高技能训练、破拆技能训练等内容一定要加强安全教育，完善保护措施，确保训练安全无事故。

四、消防救援技能训练的要求

随着消防救援队伍职能的不断扩展，以及消防救援装备建设的快速发展，技能训练的内容日趋复杂，技能操作的难度逐渐增大。因此，对消防救援技能训练的组训工作提出了更高的要求。

（一）全面施训

消防救援装备系列化和多样化的配置趋势，决定了消防救援技能训练内容的多样化，因此，消防员必须根据本单位的装备配置情况、辖区对象特点和消防救援任务需要，本着实战需要什么就练什么内容，有什么装备就练什么科目，在什么岗位就练习什么技能的原则，坚持全面系统地组织训练，防止出现偏训、漏训的现象。

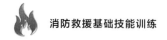
（二）突出重点

开展消防救援技能训练的过程中，在坚持全面训练的同时，要选择一些技术性强、操作复杂和实战常用的科目，以及一些新技术、新装备的训练科目进行重点训练。通过重点训练，使参训人员进一步熟练掌握高难度训练科目的操作技能，以便在消防救援作战中发挥作用。

（三）坚持经常

消防救援技能训练要在反复练习上下工夫，坚持开展经常性训练，不断巩固和提高参训人员所掌握业务技能的熟练程度。组织技能训练时，一是要根据不同科目的特点，遵循由简到繁、由易到难、循序渐进的规律；二是要坚持分步细训，以练为主，做好反复练习；三是要讲究练习方法，善于根据不同的训练内容和受训对象等条件，灵活采取合适的方法进行训练。

（四）注重应用

消防救援技能训练要遵循"练为战"的指导思想，突出应用性技能训练。消防员单兵和战斗班（组）的应用性技能训练是形成消防救援队伍作战能力的基础，参训人员要全面打牢这个基础，以确保发挥消防救援装备的最佳效能。要适时开展技能协同综合训练，将单一技能训练通过各种组训方式与实践结合起来，缩短操场训练与火场实际应用之间的距离，以提高消防救援队伍的整体作战能力；要根据消防救援装备的更新与发展，不断研究新的应用性技能训练科目，并组织训练，以适应消防救援作战的需要。

五、消防救援技能训练的授课

（一）消防救援技能训练的授课准备

消防救援技能训练的授课准备，是组训教师上课之前的准备工作，准备程度的好与差直接影响教学的效果。授课准备时要做到：心中有书，目中有人，手中有法。心中有书就是熟悉教材、资料，精通内容；目中有人就是熟悉教学对象；手中有法就是方法灵活，手段多样。要达到以上要求应做到以下几点。

1.学习教学计划，研究教材资料

学习教学计划的目的在于理解所授科目内容和要求，了解本科目在消防救援技能训练中所处的地位，明确科目与科目之间的联系。在此基础上反复阅读教材，深入钻研教材中各个内容间的联系，以及它们的地位和作用，使自己对教材有全面的认识，真正做到了然于心。

2. 熟悉教学对象

对教学对象的熟悉了解应达到"三熟悉"：一是熟悉教学对象的文化程度、消防技能基础以及理解能力；二是熟悉教学对象的姓名、简历和特点；三是熟悉教学对象的思想状况。要达到这三"熟悉"一是靠课前摸底调查，二是靠在课中逐步加深了解。

3. 根据教学对象和教材的特点，选定教学方法

教学方法是影响教学效果的重要因素，虽然有上好课的热情，熟悉教学对象的情况，但如果不注意教学方法，也会影响到教学效果，所以，备课时把选定教学方法做为一项重要内容进行准备。

教学方法的选择要根据教学内容的难易程度、教学对象的基础和特点来确定，消防救援技能训练通常采用的教学方法包括：理论讲解、动作示范、观摩、竞赛等。

4. 编写教案

编写教案，就是教学实施的具体方案，是组训教师授课的基本依据。编写时应根据教学计划的目的和要求，根据教学对象的特点，编写出教案或提纲。

（1）教案的格式　常见的教案格式有以下三种。

① 文字叙述式。将本科目全过程中准备讲的内容和要做的动作按先后顺序写成文字，其特点是内容详细。新教师授课、以及新科目和比较复杂的科目用这种格式较为妥当。

② 表格式。将授课内容及组织实施要求按层次填写在表格中，其特点是文字精练，重点突出。

③ 提纲式。将科目实施程序与内容写成纲目性、条理性的东西，其特点是内容粗细有别，明白易懂。

（2）教案的基本结构　教案的基本结构通常分提要、授课内容、结尾三部分。

① 提要。提要部分是对所授科目教学的总的规定和安排。通常包括科目、目的、内容、方法、地点、时间、要求和教学保障等科目。

② 授课内容。授课内容部分是教案的主要部分。它包括所授科目的全部具体内容和传授的方法以及作业程序等。

授课内容的部分编写，应按授课内容的顺序逐一进行，要层次分明，条理清楚，重点突出；定义要领解释要准确、易懂；传授的方法要明确具体；教案结构要力求做到严谨和有逻辑性。编写这部分内容时还应科学地分配教学时间，对重点内容与

一般内容在教学时间上要有区别，讲授、演示、提问、小结讲评与教学对象阅读教材的时间分配要合理。

③ 结尾。结尾部分是对所授科目教学情况的综合归纳。其内容主要包括授课内容的要点及其应着重理解的问题等。

5. 准备器材和选择场地

每次课前要准备上课要用到的器材，以便课上进行演示，实地训练课要根据授课内容选择训练场地，如需要的器材较多时要提前将器材分组准备，划分好各组训练位置。

6. 试讲、试教

试讲是组训教师在实际教学前练习讲课的主要方法。通常在熟悉教案的基础上，结合各种器材，假设教学对象，按内容的顺序先分段后全程反复进行。其特点是自己讲、自己听、自己做、自己看。目的是熟悉内容与程序，认真检查科目中内容排列顺序、每个内容的时间安排、采用的方法和语言是否妥当。

试教是一种近似于教学的试验性、检验性教学活动，通常由上级组织。其特点是"自己讲、他人听、自己做、他人看"，其目的是全面检查组训教师的授课准备程度，对于课堂的驾驭能力等。

（二）消防救援技能训练的授课实施

消防救援技能训练课程授课按照时间顺序可以分为作业准备、作业实施和作业讲评三个阶段进行。

1. 作业准备

作业准备就是为正式授课而做一些必要的准备工作。其内容主要有：
① 清点人数和整理着装；
② 检查器材数量以及是否处于良好的工作状态；
③ 检查训练场地和训练设施；
④ 落实各项安全措施；
⑤ 组织训练前的热身活动。

2. 作业实施

作业实施是具体向参训人员传授消防基本技能知识与动作要领的过程，是消防基本技能授课的基本阶段，也是主要阶段。在作业实施阶段中，组训教师必须严格按教案和试教中既定的内容、方法、步骤、时间区分进行。

作业实施通常按下达科目、理论提示、讲解示范和组织练习的步骤进行。

（1）下达科目　下达科目是指组训教师向参训人员下达技能训练的科目和内容，提出本课的重点、难点和要求，明确训练目的，端正参训人员的训练态度，调动学员训练热情，增强训练主动性。

（2）理论提示　理论提示是指组训教师针对技能训练科目，有重点地提问和讲授有关理论，使参训人员了解基本概念和原理，熟练掌握训练的方法和步骤。理论提示通常可采取讲述和提问的方法进行。

（3）讲解示范　讲解示范是指组训教师针对技能训练科目，向参训人员讲解操作程序和操作要领，并辅以动作示范，使参训人员直观形象地了解所学科目。讲解示范通常由组训教师实施，也可以由预先培训的示范人员进行讲解示范，或由组训教师讲解操作要领，示范人员做动作进行示范。讲解示范通常可采取先做后讲、边做边讲或分解讲做的方法进行。

（4）组织练习　组织练习是指组训教师在讲解示范后，针对技能训练科目和受训对象的具体情况，有计划、有步骤地运用合适的训练方法组织参训人员进行练习。

① 体会练习。它是指参训人员按照组训教师讲解的动作要领自行琢磨体会的练习方法。体会练习适用于个人练习，或在组训教师讲解示范后进行。组织体会练习的时间不宜过长，应根据参训人员的练习热情和体会效果，及时改变练习方法，以免出现前紧后松的现象。

② 模仿练习。它是指参训人员仿效组训教师的动作进行练习的方法。目的是使参训人员能够准确地重复组训教师的示范动作，熟练掌握动作要领，防止出现错误或形成痼癖动作。模仿练习适用于动作难度大、技术性强、操作要求高的训练科目。

③ 分解练习。它是指把完整的动作按其动作环节分解成几个步骤进行练习的方法。分解练习通常用于动作难度较大的训练科目，此方法能较好地体现循序渐进的原则，减少参训人员初学时的困难，有利于提高训练效果。

④ 连贯练习。它是指参训人员在经过分解练习并基本熟练掌握动作要领后，进行整体动作练习的方法。连贯练习能使参训人员建立正确完整的动作概念，从而迅速、准确地熟练掌握整个动作要领。

⑤ 单个教练。它是指组训教师对单个参训人员进行训练的一种教学活动。单个教练通常在参训人员动作错误、出现痼癖动作或训练进度跟不上时进行。组训时，组训教师首先应对参训人员的状况进行认真分析，有针对性地进行指导，以便及时纠正参训人员的错误动作，使其正确熟练掌握动作要领。

⑥ 分组练习。它是指将参训人员分成若干个小组进行练习的方法。分组练习有利于参训人员相互观摩、相互学习和相互纠正动作，以提高训练的进度和整体效果。

⑦ 集体练习。它是指组训教师组织参训人员一起进行练习的方法。集体练习通常在参训人员能独立操作或需要集体操作时进行，练习时由组训教师下达口令，全

体参训人员实施，目的是检查参训人员对技能熟练掌握的程度，训练集体动作的协调一致性。集体练习可与持续练习、重复练习、变换练习等方法结合进行。

3. 作业讲评

消防救援技能训练课作业讲评阶段的工作，主要是对所训科目训练情况进行总的检查和讲评。其主要工作内容如下：

① 归纳小结训练内容，指出重点；

② 讲评训练情况，表扬好人好事，指出存在的问题；

③ 解答参训人员提出的与训练有关的问题；

④ 收整训练器材，清查训练场地。

第一章　个人防护技能训练

个人防护技能，是指消防员在消防救援现场为确保自身安全、减少火灾的危害和损失，保证战斗行动的顺利实施而采取安全防护措施的专项技能。

个人防护技能训练的主要目的是使参训人员了解常用个人防护装备的性能、用途，掌握其操作要领和操作注意事项而开展的专项技能训练。

第一节

常用个人防护装备简介

消防员个人防护装备是消防员在消防救援作业或训练中，用于保护自身安全必须配备的安全防护装备，其配备适用的标准为《消防员个人防护装备配备标准》（XF 621—2013）。消防员在执行火灾扑救和抢险救援任务以及日常训练时经常和高温、有毒烟气、有毒危险品、有坍塌危险的建筑物、爆炸危险物等危险源发生频繁接触，很容易发生伤亡事故和患各类职业病。依据《消防员个人防护装备配备标准》的要求，消防员应配备躯体防护类、呼吸保护类和随身携带类防护装备。

一、躯体防护类装备

（一）消防头盔

消防头盔适用于在火灾扑救现场作业时佩戴，用以保护消防员头部、颈部以及面部的防护器材，使其免受坠落、迸溅物体冲击，阻挡高温热辐射、隔绝电击，防止侧向挤压等伤害，其技术性能应符合《消防头盔》（XF 44—2015）标准规定的要求。消防头盔从结构上主要分为全盔式消防头盔和半盔式消防头盔两种。

1. 全盔式消防头盔

全盔式消防头盔将头部完全包裹在头盔内部，具有重心稳定，头盔与头部结合紧密的特点。帽壳由高强度耐高温材料制成，具有足够的强度，能直接阻挡冲击物，使其不能冲穿帽壳；面罩由无色或浅色工程塑料制成，具有良好的透光性；头围大小调节方便；可与防爆手电和无线通信器材配套使用。全盔式消防头盔如图1-1（a）所示。

2. 半盔式消防头盔

半盔式消防头盔覆盖头部耳朵以上部位，具有缓冲空间大、重量轻、透气性好的特点。除帽壳、面罩、下颌带等基本构成要素以外，半盔式还有披肩设计。披肩是用于保护消防员颈部和面部两侧，使之免受水及其他液体或辐射热伤害的保护层，一般用阻燃防水织物制成。披肩与帽壳用粘扣或按扣连接在一起，可以拆卸，便于披肩清洗。半盔式消防头盔如图1-1（b）所示。

(a) 全盔式消防头盔　　　　　　　(b) 半盔式消防头盔

图 1-1　消防头盔

（二）消防员灭火防护头套

消防员灭火防护头套是消防员在消防救援现场套在头部，与消防头盔和呼吸保护装备配合使用，以保护头部、面部及颈部免受火焰烧伤或蒸汽烫伤的防护装备，如图1-2所示。头套可以覆盖整个头部，向下延伸到肩部，具有阻燃、隔热、保暖以及耐腐蚀等特点，其技术性能应符合《消防员灭火防护头套》（XF 869—2010）标准规定的要求。

**图 1-2　消防员
灭火防护头套**

（三）消防员护目镜

消防员护目镜是消防员在进行各种消防救援作业时用于保护眼睛的防护装备，以防止高速飞溅粒子冲击、液体喷溅等功能，如图1-3所示。消防员护目镜主要由镜片、密封挡圈和松紧系带组成，其技术性能应符合《消防员防护辅助装备　消防员护目镜》（XF 1273—2015）标准规定的要求。

（四）防护口罩

防护口罩用于保护消防员的口部及呼吸道，具有滤气式防护功能，阻挡和过滤空气中的微粒、碎屑等异物吸入呼吸道，如图 1-4 所示。

图 1-3　消防员护目镜

图 1-4　防护口罩

（五）消防员灭火防护服

消防员灭火防护服适用于消防员在消防救援现场穿着，是对消防员躯干及四肢进行保护的个人防护装备。

消防员灭火防护服为分体式结构，由防护上衣、防护裤子组成。防护服由表面层、防水透气层、隔热层、舒适层等多层织物复合而成，其表面设有黄白相间的反光标志带，以便在夜间或能见度低时辨识，消防员灭火防护服如图 1-5 所示，其技术性能应符合《消防员灭火防护服》（XF 10—2014）标准规定的要求。

图 1-5　消防员灭火防护服

（六）消防手套

消防手套是用于保护消防员手部及腕部的防护器材，如图 1-6 所示。按防护要求分为消防灭火手套、消防救援手套、消防防化手套和消防耐高温手套等，消防员根据灭火与应急救援现场的实际需要选择佩戴，其技术性能应符合《消防手套》（XF 7—2004）标准规定的要求。

（七）消防员灭火防护靴

消防员灭火防护靴是消防员在灭火作业时用来保护脚部、踝关节及小腿部位的防护器材，如图 1-7 所示。防护靴底设有防穿刺钢板，靴头设有橡胶加固层，具有防滑、防电击、耐穿刺等特点，其技术性能应符合《消防员灭火防护靴》（XF 6—2004）标准规定的要求。

图 1-6　消防手套　　　　　　图 1-7　消防员灭火防护靴

二、呼吸保护类装备

消防员呼吸保护类装备是消防员进行灭火与应急救援作业时佩戴的、用于保护其呼吸系统免受伤害的个人防护器材，主要有正压式消防空气呼吸器、长管式空气呼吸器、正压式消防氧气呼吸器、过滤式防毒面具等。消防员可根据作业现场环境的不同需要选用。

（一）正压式消防空气呼吸器

正压式消防空气呼吸器是一种自给开放式呼吸器材，具有体积小、重量轻、操作使用方法简便等特点，适用于消防员在浓烟、毒气、粉尘或缺氧等各种环境下安全有效地进行灭火与应急救援工作，其技术性能应符合《正压式消防空气呼吸器》（XF 124—2013）标准规定的要求。正压式消防空气呼吸器通常由气瓶总成、减压器总成、供气阀总成、背托总成和面罩总成等五个部分组成，如图 1-8 所示。

图 1-8　正压式消防空气呼吸器

正压式消防空气呼吸器的工作原理是：气瓶内的高压空气，经减压器减压为中压气体，经中压导管至供气阀，供气阀对中压气体进行二次减压后进入面罩内供人呼吸，呼出的废气则由呼气阀排出面罩。

（二）长管空气呼吸器

长管空气呼吸器也称移动供气源。它将气源由佩戴者携带改为放置在有毒有害工作环境之外，通过长管将气源与使用者连接，有效弥补了其他种类空气呼吸器供气时间短的不足，适用于需要较长工作时间的特殊救援现场。

长管空气呼吸器主要由气瓶推车总成、气瓶总成、减压器总成、长管卷盘、面罩等构成，如图1-9所示，其技术性能应符合《长管空气呼吸器》（XF 1261—2015）标准规定的要求。

（三）过滤式防毒面具

过滤式防毒面具主要由面罩主体和滤毒件两部分组成，如图1-10所示。面罩起到密封并隔绝外部空气和保护口鼻面部的作用。滤毒件内部填充活性炭，在活性炭的空隙表面，浸渍了铜、银、铬金属氧化物等化学药剂，以达到吸附毒气并与其反应，使毒气丧失毒性的作用。

图1-9 长管空气呼吸器

图1-10 过滤式防毒面具

三、随身携带类装备

（一）消防员呼救器

消防员呼救器作为一种随身携带类防护器材，其主要作用是在消防员执行任务过程中自身遇到危险时，及时发出报警声响信号及定位闪光信号，从而有效保障消防员的生命安全，如图1-11所示，其技术性能应符合《消防员呼救器》（GA 401—2002）标准规定的要求。

（二）消防安全绳

消防安全绳是消防员在灭火与应急救援作业或日常训练中用于救人和自救的绳索，如图1-12所示。消防安全绳应为连续的夹心绳结构，即绳芯＋绳皮结构绳索，主要承重部位为绳芯，绳皮起到保护绳芯的作用，其技术性能应符合《消防用防坠落装备》（XF 494—2004）标准规定的要求。

图 1-11　消防员呼救器

图 1-12　消防安全绳

第二节

个人防护基本技能实训科目

科学、全面的防护措施是消防员在遂行灭火与应急救援任务时的基本安全保障，防护技能训练也是消防业务训练的重点内容，常见的训练内容包括对于躯体的防护和对于呼吸的防护等。

科目一　原地着灭火防护服

（一）训练目的

通过训练，使参训人员掌握正确穿着灭火防护服的程序和方法。

（二）场地器材设置

在平整的训练场地上标出起点线，起点线前 0.5m 处标出器材线；灭火防护服在器材线前摆放整齐，如图 1-13 所示。

灭火防护服摆放方法：插环式安全带折成双叠，横放在平地上；灭火防护服上装正叠，尼龙搭扣对齐展平，沿两侧向背后折起，衣袖展平折于背面，将上装拦腰折成两叠，衣领翻向两侧，平放在安全带上；盔帽平放在上装上，帽顶朝上，帽徽朝后；灭火防护服下装套在消防靴上，放于上装后面，靴跟与器材线相齐。

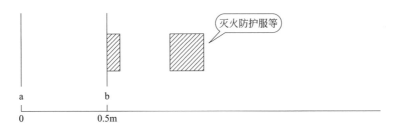

图 1-13 原地着灭火防护服场地器材设置示意图

a—起点线；b—器材线

（三）操作程序

参训人员在起点线一侧 3m 处站成一列横队。

听到"第一名，出列"的口令，操作人员答"是"，跑步至起点线成立正姿势。

听到"准备器材"的口令，操作人员整理服装，做好器材准备。

听到"预备"的口令，操作人员做好操作准备。

听到"开始"的口令，操作人员脱鞋向前，按照穿靴及着下装、戴盔帽、着上装、扎安全带的顺序穿戴整齐，立正喊"好"。

听到"卸装"的口令，操作人员按着装相反顺序脱下服装，叠好放回原位，在起点线处成立正姿势。

听到"入列"的口令，操作人员跑步入列。

（四）动作要领

1. 准备姿势

操作人员上体前倾，双臂前伸，双手虎口张开，准备抓握一支防护靴上沿两侧；双腿屈膝，一脚跟抬起，准备踏下另一脚的作训鞋，如图 1-14（a）、（b）所示。

2. 穿靴及着下装

操作人员两脚跟相搓，上步脱鞋，双手握一支防护靴上沿两侧，一腿抬起，脚尖向下绷直，踏入防护靴内，按同样方法穿着好另一防护靴；然后双手抓握灭火防护服下装裤腰两侧，身体向上挺直，右腿向后撤半步，跪地同时系好腰带，如图 1-14（c）所示。

3. 戴盔帽

操作人员上体前倾，头部尽量靠向盔帽，双手前伸，左手握盔帽帽带及前沿，右手五指张开，掌心向下扣住帽顶，双手合力使盔帽翻转 180° 并戴在头上，左手顺势拉下帽带至下颚，如图 1-14（d）、（e）所示。

4. 着上装

操作人员五指并拢，双臂前伸交叉，右臂在上，双手从敞开衣领处伸入衣袖，从左向右伸展双臂至头顶，同时身体向左转体 90°，右脚至安全带扣环处，待上装完全展开时双臂里合使双手从衣袖中伸出，保持蹲姿，粘好尼龙搭扣，如图 1-14（f）、（g）、（h）所示。

5. 扎安全带

操作人员右手抓握安全带扣环处，绕至身后与左手配合将安全带分开，右手握带尾，左手握扣环，拉直安全带，双手合拢于腹前，将插环插入金属扣环内，束紧安全带，如图 1-14（i）所示。

6. 操作完毕

操作人员穿着完毕后，举右手示意喊"好"，如图 1-14（j）所示。

(a)

(b)

(c)

(d)

(e)

(f)

(g)

(h)

(i)

(j)

图 1-14　原地着灭火防护服动作要领

（五）操作要求

① 操作人员在着灭火防护服前，身着作训服，穿作训鞋，不戴帽子；

② 盔帽戴正，帽带贴于下颏，披肩应完全展开；

③ 上、下装尼龙搭扣必须粘合、对齐；

④ 上装的反光标识带对齐；

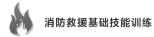

⑤ 安全带切实扎牢，与身体保持约一拳间隙；

⑥ 下装套在防护靴靴筒外侧，双脚踏到靴底。

（六）成绩评定

计时从发出"开始"口令至操作人员举手喊"好"止，具体评定标准见表1-1。

表 1-1　原地着灭火防护服成绩评定标准

评定等级	优秀	良好	中等	及格	不及格
评定指标/s	$t<18$	$18{\leqslant}t<20$	$20{\leqslant}t<22$	$22{\leqslant}t<24$	$t{\geqslant}24$

（七）安全注意事项

操作人员在操作时要站稳，防止跌倒。

科目二　正压式消防空气呼吸器使用前检查

（一）训练目的

通过训练，使参训人员掌握正压式消防空气呼吸器使用前检查的操作方法和操作要求，确保正压式消防空气呼吸器处于正常工作状态。

（二）场地器材设置

在平整的训练场上标出起点线，起点线前1m处标出器材线，在器材线上铺设垫子1张，垫子上摆放空气呼吸器1部。空气呼吸器摆放方法：背托在上，气瓶在下，气瓶开关向前，面罩置于空气呼吸器右侧，面窗向上。如图1-15所示。

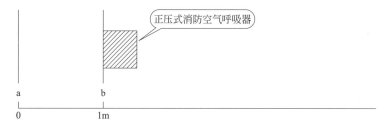

图 1-15　正压式消防空气呼吸器使用前检查场地器材设置示意图
a—起点线；b—器材线

（三）操作程序

参训人员在起点线一侧 3m 处站成一列横队。

听到"第一名，出列"的口令，操作人员答"是"，跑步至起点线成立正姿势。

听到"准备器材"的口令，操作人员整理、检查所使用的器材，做好器材准备。

听到"预备"的口令，操作人员做好操作准备。

听到"开始"的口令，操作人员按照目检、气瓶压力检查、系统气密性检查、报警器检查、面罩气密性检查的顺序进行操作。

听到"收操"的口令，操作人员将器材恢复原位，成立正姿势。

听到"入列"的口令，操作人员跑步入列。

（四）动作要领

1. 目检

操作人员全面检查器材各部件是否完整、有无损坏，肩带、腰带连接是否牢固、长度是否适合，如图 1-16（a）所示。

2. 检查气瓶压力

操作人员一手打开气瓶，一手持压力表，查看读数，检查气瓶压力是否达到工作要求（工作压力不小于 28MPa），如图 1-16（b）所示。

3. 检查系统气密性

操作人员关闭气瓶阀门，持续观察压力表 1min，在 1min 时间内，压力表读数下降不超过 2MPa，证明系统气密性良好，如图 1-16（c）所示。

4. 检查报警装置

操作人员缓慢打开冲泄阀，释放管路内余气，当压力降至（5.5±0.5）MPa 时，报警器是否报警，如图 1-16（d）所示。

5. 检查面罩气密性

操作人员将面罩戴到面部，用手堵住供气阀接口，然后深吸一口气，感觉到面罩向面部靠近，则证明面罩气密性良好，如图 1-16（e）所示。

图 1-16　正压式消防空气呼吸器使用前检查动作要领

（五）操作要求

① 检查要细致、全面；

② 每一步检查完毕后，要将检查结果清晰、洪亮地报告给组训教师。

（六）成绩评定

全部操作符合操作程序和操作要求，60s 内完成为合格。

（七）安全注意事项

气瓶阀门开启速度应缓慢，且应开启两圈以上。

科目三 原地佩戴正压式消防空气呼吸器

（一）训练目的

通过训练，掌握原地过顶式佩戴正压式消防空气呼吸器的操作方法和操作
要求。

（二）场地器材设置

在平整的训练场上标出起点线，起点线前 1m 处标出器材线，在器材线上铺
设垫子一张，垫子上摆放空气呼吸器 1 部（气瓶压力不小于 28MPa），参见本节
科目二图 1-15 场地器材设置示意图。

（三）操作程序

参训人员在起点线一侧 3m 处站成一列横队。

听到"第一名，出列"的口令，操作人员答"是"，跑步至起点线成立正姿势。

听到"准备器材"的口令，操作人员整理、检查空气呼吸器，做好器材
准备。

听到"预备"的口令，操作人员做好操作准备。

听到"开始"的口令，操作人员按照持背托、背主体、扣腰带、开气瓶、戴
面罩、连接供气阀的顺序佩戴好空气呼吸器，呼吸正常后举手示意。

听到"卸装具"的口令，操作人员按佩戴空气呼吸器的相反顺序卸下装具，
并泄放余气。

听到"收操"的口令，操作人员将器材恢复原位，成立正姿势。

听到"入列"的口令，操作人员跑步入列。

（四）动作要领

佩戴正压式消防空气呼吸器由持背托、背器具、收紧肩带和腰带、打开气瓶
阀、佩戴面罩、连接供气阀共六个动作组成。

1. 持背托

操作人员左脚向前一步，双腿屈蹲，上体前倾，双手分别握背架两侧，做好

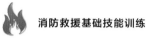

背器具准备，如图 1-17（a）所示。

2. 背器具

操作人员双臂协力将空气呼吸器举起，两肘内合，小臂向上伸直，穿过肩带，同时上体挺直，使空气呼吸器自然滑落于背部，如图 1-17（b）所示，然后双手抓握肩带拉环，如图 1-17（c）所示。

3. 扣腰带

操作人员双手拇指勾住肩带端部扣环，身体向上挺起的同时用力向下拉肩带至舒适程度，然后双手各握腰带一端，扣好腰带，并收紧至舒适程度，如图 1-17（d）所示。

4. 打开气瓶阀

操作人员右手握住气瓶阀，逆时针旋转手轮 2～3 圈，使气瓶阀完全开启，如图 1-17（e）所示。

5. 佩戴面罩

操作人员右手持面罩，按从下颌至额头的顺序将面罩面框紧贴于面部，左手将头罩拉至脑后，然后双手分别将两侧颈带、头带向后收紧，如图 1-17（f）所示。

6. 连接供气阀

操作人员右手持供气阀，对准面罩连接口使之吻合，并连接牢固，深呼吸，使节气开关开启，感觉呼吸正常后，举右手示意，如图 1-17（g）、（h）所示。

(a)　　　　　　　　　　　　　　　(b)

图 1-17 原地佩戴正压式消防空气呼吸器动作要领

（五）操作要求

① 佩戴空气呼吸器前一定要检查气压，面罩佩戴好后一定要注意是否密封，佩戴要舒适；

② 卸装完毕后必须放空余气，并将冲泄阀复位；

③ 在行动中，肩带、腰带要调至合适，紧贴身体，防止松动或影响工作；

④ 在行动中要注意气压的变化，如气压不足要及时更换气瓶；

⑤ 佩戴全面罩不允许佩戴眼镜，如必须佩戴，可选择隐形眼镜；

⑥ 呼吸器在使用时，会对使用者之间的联络造成一定的影响，因此需要通过手势、警示、无线电等进行联络。

（六）成绩评定

全部操作符合操作程序和操作要求，60s内完成为合格。

（七）安全注意事项

操作过程中，要注意防止供气阀磕碰损坏。

第三节

个人防护延伸技能实训科目

科目一　着灭火防护服登车

着灭火防护服登车训练是消防员在穿着灭火防护服的基础上，能按一定的顺序和乘车位置登车，加强消防员的协同、合作意识，提高接警出动的速度。

（一）训练目的

通过训练，使参训人员掌握穿着灭火防护服后有序、快速登车的方法和操作要求。

（二）场地器材设置

在平整的训练场地上标出起点线和终点线，起点线前17m、18m处分别为脱鞋线、器材线，灭火防护服按照操作人员登车顺序，整齐地叠放在器材线前，叠放要求同原地着灭火防护服。终点线上停放水罐消防车1辆，车尾与终点线相齐，如图1-18所示。

（三）操作程序

参训人员在起点线一侧3m处站成一列横队。

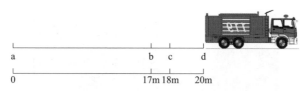

图 1-18 着灭火防护服登车场地器材设置示意图
a—起点线；b—脱鞋线；c—器材线；d—终点线

听到"前六名，出列"的口令，操作人员答"是"，跑步至起点线成立正姿势。

听到"准备器材"的口令，操作人员整理服装，做好器材准备后回到起点线处。

听到"预备"的口令，操作人员做好操作准备。

听到"开始"的口令，操作人员跑至器材线处按照原地着灭火防护服的动作要领着装，按顺序依次登车，班长确认各号员就位及车门关闭情况后，举手喊"好"。

听到"收操"的口令，操作人员下车按着装相反顺序脱下灭火防护服，叠好放回原位，在起点线处立正站好。

听到"入列"的口令，操作人员跑步入列。

（四）动作要领

1. 班长安排号员分工

操作人员出列后由班长安排号员分工，各号员依次站在起点线上。

2. 各号员进行着装

操作人员按原地着灭火防护服的动作要领进行着装，扎安全带可以在上车前完成。

3. 号员按顺序登车

操作人员登车位置一定要明确，登车时左侧由外及里为①号员、③号员、⑤号员；右侧由外及里为②号员、④号员、⑥号员，如图 1-19 所示。

4. 开车

上车后一定要确认人员全部到位，且车门完全关闭后班长才能下达"开车"的口令。

5. 下车检查

下车后班长要认真检查各号员穿着灭火防护服的情况，要符合原地着灭火防护服的标准要求。

图 1-19　登车后座位示意图

（五）操作要求

① 各号员着装时应按照原地着灭火防护服的动作要领进行；

② 各号员乘车顺序应符合具体要求。

（六）成绩评定

计时从发出"开始"口令至操作人员全部完成操作，班长举手喊"好"止，具体评定标准见表 1-2。

表 1-2　着灭火防护服登车成绩评定标准

评定等级	优秀	良好	中等	及格	不及格
评定指标/s	$t<26$	$26{\leqslant}t<28$	$28{\leqslant}t<30$	$30{\leqslant}t<32$	$t{\geqslant}32$

（七）安全注意事项

① 进入消防车驾驶室时，登准台阶，防止摔倒；

② 所有号员登车完毕后，应关闭车门。

科目二　佩戴正压式消防空气呼吸器适应性训练

（一）训练目的

通过训练，使参训人员学会在佩戴正压式消防空气呼吸器的情况下，进行登高、通过障碍、救人等应用性训练活动，增强参训人员佩戴正压式消防空气呼吸器进行各种救援活动的适应能力。

（二）场地器材设置

在训练塔前 10m 处标出起点线，5m 处标出地笼放置线，在训练塔二楼窗口架设 6m 拉梯 1 部，并在二楼内设置模拟伤员 1 名，如图 1-20 所示。

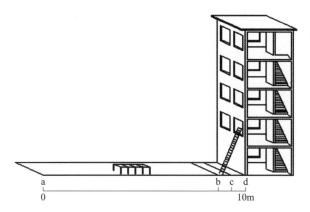

图 1-20　佩戴正压式消防空气呼吸器适应性训练场地器材设置示意图
a—起点线；b～c—竖梯区；d—培基线

（三）操作程序

参训人员在起点线一侧 3m 处站成一列横队。

听到"第一名，出列"的口令，操作人员答"是"，跑步至起点线成立正姿势。

听到"准备器材"的口令，操作人员按原地佩戴正压式消防空气呼吸器的方法准备器材，回到原位站好。

听到"预备"的口令，操作人员做好操作准备。

听到"开始"的口令，操作人员按原地佩戴正压式消防空气呼吸器的动作要领佩戴好空气呼吸器，呼吸正常后，按照先匍匐通过地笼，攀登 6m 拉梯到二楼，将一名待救者抱出来的顺序进行操作。

听到"收操"的口令，操作人员将器材恢复原位，成立正姿势。

听到"入列"的口令，操作人员跑步入列。

（四）动作要领

1. 钻地笼

操作人员降低身体姿势，匍匐通过地笼，避免触碰地笼，如图 1-21（a）所示。

2. 爬拉梯

操作人员逐级攀登拉梯，进入二层窗口内，如图 1-21（b）所示。

3. 抱伤员

操作人员按抱式救人的方法将模拟伤员抱出，如图 1-21（c）所示。

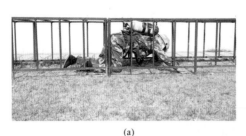
(a)

(b)

(c)

图 1-21　佩戴正压式消防空气呼吸器适应性训练动作要领

（五）操作要求

① 佩戴空气呼吸器动作要准确、熟练，肩带、腰带必须系紧、系牢，紧贴身体，防止呼吸器在攀登消防梯过程中松脱；

② 攀登拉梯时，应双手抓握梯蹬，双脚逐级攀登；

③ 保护队员要加强责任心，扶好梯子，保证梯身平稳。

（六）成绩评定

操作人员个人防护措施到位，全部操作符合操作程序与操作要求为合格。

（七）安全注意事项

操作人员通过地笼时，应尽量降低身体重心，防止磕碰地笼。

科目三 正压式消防空气呼吸器应急延时呼吸技能

在火灾现场内部，消防员遇到紧急情况需要撤离时第一时间应当做的首要生存选择就是尽量延长空气呼吸器的使用时间，决定使用时间的主要因素有：消防员呼吸的快慢和深浅，呼吸的生硬或是平顺，以及消防员心理因素等。应急延时呼吸技能，是指消防员在紧急情况下，利用一定的呼吸技巧，延长空气呼吸器使用时间以达到自救逃生为目的专项技能。

（一）训练目的

通过训练，使参训人员掌握在消防救援现场遇险情况下，运用呼吸技巧，延长空气呼吸器使用时间的方法和操作要求。

（二）场地器材设置

在平整的训练场地上标出起点线，在起点线前 1m、50m 处分别标出器材线和折返线，器材线上放置空气呼吸器 1 部，备用气瓶若干，如图 1-22 所示。

图 1-22　正压式消防空气呼吸器应急延时呼吸技能场地器材设置示意图
a—起点线；b—器材线；c—折返线

（三）操作程序

参训人员在起点线一侧 3m 处站成一列横队。

听到"第一名，出列"的口令，操作人员答"是"，跑步至起点线成立正姿势。

听到"预备"的口令，操作人员检查并佩戴器材，做好操作准备。

听到"开始"的口令，操作人员按照指定的呼吸方法进行应急延时呼吸训练，在起点线和折返线之间往复行走，严禁跑步，直到消耗 5MPa 气体为停止标准。

听到"收操"的口令，操作人员卸下装具并将器材恢复原位，成立正姿势。

听到"入列"的口令，操作人员跑步入列。

（四）动作要领

1. 预备

操作人员检查器材装备情况，然后在起点线后立正站好，准备进行操作。

2. 点式呼吸（Skip breathing）

操作人员佩戴面罩，连接供气阀，首先通过鼻子进行一次长吸气，然后屏住呼吸，当操作人员感觉需要再次呼气时，通过鼻子再进行一次短吸气，之后通过鼻子长呼气，屏住呼吸，进行下一循环，点式呼吸也可以采用长吸气一次，短呼气两次的方式。

3. 战术呼吸（Tactical breathing）

操作人员佩戴面罩，连接供气阀，然后长吸气（4s），屏气（4s），长呼气（4s），屏气（4s），此方法会使消防员呼吸频率变慢，心率变慢，操作人员如果感觉 4s 时间较长，可缩短为 3s。

4. R 式呼吸法（Reilly breathing）

操作人员佩戴面罩，连接供气阀，通过鼻子长吸气，屏住呼吸，然后呼气时鼻子发出类似"哼"的声音的方式进行呼气，呼气时间尽可能长，重复这一循环。

5. 轮式呼吸技法（Wheel breathing）

操作人员寻找舒适的场地坐下，平稳心态，将空气呼吸器取下抱于怀中，佩戴面罩，连接供气阀，可以正常呼吸后先关闭气瓶阀，当感觉需要再次吸气时打开约半圈气瓶阀，然后再关闭气瓶阀并屏住呼吸，呼出气体，屏住呼吸，之后进行下一循环操作。

需要说明的是，这项技能的使用有特殊的原因，即当气瓶处于气量较低的状态，且消防员判断他们无法继续逃出危险环境的情况下，消防员决定寻找一个安全的避难场所，这个场所可以在一个房间里，关闭的门后或墙根下，然后消防员冷静下来使用此项技能保存气量，等待快速救援小组进行营救，如图 1-23 所示。

图 1-23　轮式呼吸法技能动作要领

（五）操作要求

① 操作过程中做好记录进行对比；

② 延时呼吸技能仅适用于紧急逃生情况下使用。

（六）成绩评定

操作人员操作过程中动作掌握正确，呼吸节奏平稳即为合格。

（七）安全注意事项

训练中如果出现缺氧、胸闷等不适症状，应停止操作或改为正常呼吸方式。

第二章　铺设水带技能训练

铺设水带技能是消防员在消防救援现场，根据地形、地物等条件，为保障灭火剂不间断供给而从水源向火场铺设水带线路的专项技能。

铺设水带技能训练的主要目的是使参训人员熟练掌握在不同场地条件下铺设水带的操作要领，以及利用水带与水枪、分水器、水带挂钩和消防梯等器材联用方法的专项技能训练。

第一节

常用输水和射水器材简介

输水与射水器材是火灾扑救过程中用到的最基本消防器材。输水器材是将消防泵输出的压力水或其他形式的灭火剂输送到火场的器材，主要是指消防水带、分水器等；射水器材是将水按照需要的形式喷射到着火物上的器材，主要是指各种不同类型的水枪等。输水与射水器材的应用训练主要包括铺设水带技能和射水技能等。

一、消防水带

消防水带（图 2-1）是用来输送水或其他液态灭火剂的软管，其主要作用是把消防泵输出的压力水或其他形式的灭火剂输送到火场。

单根消防水带的标准长度是 20m，为室内消火栓配置的水带，长度可为 25m。另外，根据消防救援的实际需要，还开发了长度更大的水带。

图 2-1　消防水带

（一）消防水带的分类

1. 按照衬里材料分

橡胶衬里水带、乳胶衬里水带、聚氨酯衬里水带、PVC衬里水带、消防软管等。

2. 按照水带承受工作压力分

工作压力为0.8MPa的消防水带、工作压力为1.0MPa的消防水带、工作压力为1.3MPa的消防水带、工作压力为1.6MPa的消防水带和工作压力2.0MPa及以上的消防水带。

3. 按照水带内口径分

内径40mm、50mm、65mm、80mm、100mm及以上规格的消防水带。

4. 按照使用功能分

通用消防水带、消防湿水带、抗静电消防水带、A类泡沫专用水带、水幕水带等。

5. 按照接口形式分

内扣式接口、卡式接口等，如图2-2所示。

(a) 内扣式接口 (b) 卡式接口

图 2-2 水带接口

（二）通用水带的结构

通用消防水带由编织层和衬里组成。编织层是以高强度合成纤维涤纶材料，大多是高强度涤纶长丝编织成的管状耐压骨架层。衬里是在编织内层涂覆的橡胶（合成橡胶）、乳胶、聚氨酯等高分子材料。

二、消防水枪

消防水枪是以水为喷射介质的消防枪。消防水枪可以通过水射流形式的选择进行灭火、冷却保护、隔离、稀释和排烟等多种消防作业。

消防水枪按射流形式主要分为：直流水枪、喷雾水枪和多功能直流喷雾水枪等，其技术性能应符合《消防水枪》（GB 8181—2005）标准规定的要求。

（一）直流水枪

直流水枪是用以喷射密集水射流的消防水枪，喷射的水流为柱状，具有水量大、射程远、冲击力强等优点，适用于远距离扑救一般物质火灾、建筑火灾、冷却大型设备、储罐等，是消防队扑救火灾过程中普遍使用的常规水枪，包括普通直流水枪、直流开关水枪，如图 2-3 所示。

(a)直流水枪   (b)直流开关水枪

图 2-3   直流水枪

直流水枪主要由接口、枪管和喷嘴等构成。直流开关水枪则带有手控阀门，用以控制开关，一方面节约用水量，减少水渍损失；另一方面，可以根据灭火现场实际需要，实施间歇射水。

直流水枪在进行射水作业时会产生较大的后坐力，为保证操作人员的安全，最好有人协助进行。另外，直流开关水枪在进行开、关操作时，动作要缓慢，防止水锤作用造成水带破裂致使操作人员发生危险。

（二）喷雾水枪

喷雾水枪是以固定雾化角喷射雾状水射流的消防水枪。该类水枪的出口端装有雾化喷嘴，根据其雾化喷嘴的结构形式，可分为机械撞击式喷雾水枪、簧片振动式喷雾水枪和双级离心式喷雾水枪等，如图 2-4 所示。

(a) 机械撞击式喷雾水枪

(b) 簧片式振动喷雾水枪

(c) 双级别离心式喷雾水枪

图 2-4 喷雾水枪

喷雾水枪的雾状射流与直流水枪的柱状射流相比具有以下特点：一是具有强烈的驱散烟气能力；二是具有良好的隔绝热辐射效果和电绝缘性能；三是具有更好的冷却和窒息效果。

根据以上特点，喷雾水枪适合于建筑物内烟气浓度大条件下的火灾及带电设备火灾扑救，有毒、可燃气体的稀释作业，以及在实施堵漏等战术措施时的掩护作业等。但由于喷雾水枪不能直流喷射，功能单一、使用场合受限，已逐渐被功能更加全面的水枪所取代。

（三）多功能直流喷雾水枪

多功能直流喷雾水枪是一种新型水枪，它既能喷射柱状密集水流，又能喷射雾状水流，并具有开启、关闭功能，如图 2-5 所示。这种水枪的功能齐全，能够适应火场灭火、冷却、稀释、排烟等多种消防作业需求，是现代消防水枪的发展趋势。多功能直流喷雾水枪由枪头、流量调节套、开关手柄、水带接口、握持手柄等组成，如图 2-5 所示。

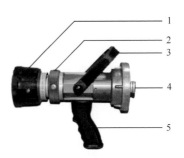
图 2-5 多功能直流喷雾水枪
1—枪头；2—流量调节套；3—开关手柄；4—水带接口；5—握持手柄

多功能直流喷雾水枪后坐力较低，单人即可操作。通过枪头的调节，可以实现射流的变换，向前旋转枪头，可以喷射直流射流，向后旋转，可以喷射雾状射流，操作人员可以根据火场需要自行切换；枪头后部配有流量调节套，流量范围可在 2～8L/s 范围内选择，流量调节套上还有自动冲洗档位，调至冲洗档，便可快速、方便地冲出枪体内的石子或其他杂物；枪体中部的手柄为开关手柄，向前推关闭水枪，向后拉开启水枪；枪体后部水枪接口可以旋转，能够自动矫正水带的状态，使其自然平直，起到防止水带扭圈的作用。

三、分水器

分水器是从消防车供水管路的干线上分出若干股支线水带的连接器材，本身带有开关，可以节省开启和关闭水流所需的时间，及时保证火场供水。我国消防用分水器的材料通常由铝硅合金浇铸而成，主要有二分水器和三分水器，如图2-6所示。

(a) 内扣式二分水器 (b) 内扣式三分水器

(c) 卡式三分水器

图 2-6　分水器

第二节

铺设水带基本技能实训科目

铺设水带基本技能训练是消防救援队伍的常训内容，是消防车战斗展开的前提条件，水带铺设技能是延伸水带线路、确定灭火进攻方向的基础。

科目一　一人两盘内扣式水带连接

（一）训练目的

通过训练，使参训人员掌握两盘 65mm 内扣式水带铺设、连接的方法和操作要求。

（二）场地器材设置

在长 37m、宽 2.5m 的训练场地上，标出起点线和终点线。在起点线前 1m、1.5m、8m、9m 处分别标出器材线、分水器拖止线、水带甩开线和甩带线。器材线上放置水枪 1 支、65mm 水带 2 盘（水带双卷，立放于分水器一侧）、分水器 1 支，水带、水枪、分水器接口与器材线相齐，如图 2-7 所示。

图 2-7　一人两盘内扣式水带连接场地器材设置示意图
a—起点线；b—器材线；c—分水器拖止线；d—水带甩开线；e—甩带线；f—终点线

（三）操作程序

参训人员在起点线一侧 3m 处站成一列横队。

听到"第一名，出列"的口令，操作人员答"是"，跑步至起点线成立正姿势。

听到"准备器材"的口令，操作人员整理、检查所使用的器材，做好器材准备。

听到"预备"的口令，操作人员携带好水枪做好操作准备。

听到"开始"的口令，操作人员按照甩开第一盘水带、连接分水器、跑动中连接第二盘水带、跑动中甩开第二盘水带、连接水枪和冲过终点成立射姿势的程序进行操作。

听到"收操"的口令，操作人员将器材恢复原位，成立正姿势。

听到"入列"的口令，操作人员跑步入列。

（四）动作要领

1. 预备

操作人员检查器材装备情况，将水枪插于腰际，然后在起点线后立正站好，准备进行操作，如图 2-8（a）所示。

2. 甩开第一盘水带并连接分水器

操作人员听到"开始"口令后，从起点线跨步至第一盘水带两侧，左手抓握下层接口，右手抓握上层接口，将第一盘水带甩开，左手持接口稍抬起，约与肩同高，右手将接口从左手下部连接到分水器的出水口上，如图 2-8（b）所示。

3. 连接第二盘水带

操作人员左手持第一盘水带的下层接口，在右手的配合下与第二盘水带的上层接口进行连接，并将连接好的接口放在第二盘水带的右侧，如图 2-8（c）所示。

4. 跑动中甩开第二盘水带

操作人员右手抓握第二盘水带跑至约 13m 处，将第二盘水带向前甩开，如图 2-8（d）所示。

图 2-8　一人两盘内扣式水带连接动作要领

5. 跑动中连接水枪

操作人员左手将水枪从腰间拔出，与右手水带接口进行连接，如图 2-8（e）所示。

6.冲过终点成立射姿势

操作人员完成水枪的连接之后，冲过终点，成立射姿势，如图 2-8（f）所示。

（五）操作要求

① 水带铺设、连接操作应在跑道线路内完成；

② 水带不得出线、压线，不得扭圈超过 360°；

③ 水带接口不得脱口、卡口；

④ 分水器拖出不应超出 0.5m；

⑤ 第一盘水带甩开后，应达到 8m 线。

（六）成绩评定

计时从发出"开始"口令至操作人员持水枪冲过终点线时止，具体评定标准见表 2-1。

表 2-1 一人两盘内扣式水带连接成绩评定标准

评定等级	优秀	良好	中等	及格	不及格
评定指标/s	$t<11$	$11\leqslant t<12$	$12\leqslant t<13$	$13\leqslant t<14$	$t\geqslant14$

（七）安全注意事项

操作人员跑动中防止被水带绊倒。

科目二　一人三盘内扣式水带连接

（一）训练目的

通过训练，使参训人员掌握三盘 65mm 内扣式水带铺设、连接的方法和操作要求。

（二）场地器材设置

在长 55m、宽 2.5m 的训练场地上，标出起点线和终点线。在起点线前 1m、1.5m、8m 处分别标出器材线、分水器拖止线、水带甩开线。器材线上放置水枪1 支、65mm 水带 3 盘（水带双卷，立放于分水器一侧）、分水器 1 支，水带、水枪、分水器接口与器材线相齐，如图 2-9 所示。

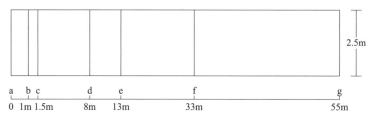

图 2-9 一人三盘内扣式水带连接场地器材设置示意图

a—起点线；b—器材线；c—分水器拖止线；d—水带甩开线；
e—第二盘水带甩带线；f—第三盘水带甩带线；g—终点线

（三）操作程序

参训人员在起点线一侧 3m 处站成一列横队。

听到"第一名，出列"的口令，操作人员答"是"，跑步至起点线成立正姿势。

听到"预备"的口令，操作人员检查器材，携带好水枪做好操作准备。

听到"开始"的口令，操作人员按照甩开第一盘水带、连接分水器、连接第二盘水带、跑动中甩开第二盘水带、跑动中连接第三盘水带、连接水枪和冲过终点成立射姿势的程序进行操作。

听到"收操"的口令，操作人员将器材恢复原位，成立正姿势。

听到"入列"的口令，操作人员跑步入列。

（四）动作要领

1. 预备

操作人员检查器材装备情况，将水枪插于腰际，然后在起点线后立正站好，准备进行操作，如图 2-10（a）所示。

2. 甩开第一盘水带

操作人员听到"开始"口令后，从起点线跨步至第一盘水带两侧，按照原地双手甩水带技能将第一盘水带甩开，第一盘水带甩开后要达到 8m 线，如图 2-10（b）所示。

3. 连接分水器

操作人员身体处于半蹲状态，左手持接口稍抬起，约与肩同高，右手将接口从左手下部连接到分水器的出水口上，如图 2-10（c）所示。

4. 原地连接第二盘水带

操作人员左手抓握起第一盘水带的另一个接口，向右半转身，连接到第二盘水带的上层接口上，并将接口放置在第二盘水带的外侧，如图 2-10（d）所示。

5. 跑动中甩开第二盘水带

操作人员连接好第二盘水带之后，右手持第二盘水带，左手持第三盘水带，向前跑至 13m 处时，向前将第二盘水带甩开，如图 2-10（e）、（f）所示。

6. 跑动中连接第三盘水带

操作人员左手持第三盘水带，右手持第二盘水带的一个接口去连接第三盘水带的上层接口，如图 2-10（g）所示。

7. 跑动中甩开第三盘水带

操作人员右手抓握第三盘水带的下层接口，并顺势向前甩开，如图 2-10（h）、（i）所示。

8. 跑动中连接水枪

操作人员将左手的水带接口交与右手，然后将水枪拔出，并与水带接口进行连接，如图 2-10（j）所示。

9. 冲过终点成立射姿势

操作人员完成水枪的连接之后，冲过终点，成立射姿势，如图 2-10（k）所示。

(a)   (b)   (c)

图 2-10

图 2-10 一人三盘内扣式水带连接动作要领

（五）操作要求

① 水带铺设、连接操作应在跑道线路内完成；

② 水带不得出线、压线，不得扭圈超过 360°；

③ 水带接口不得脱口、卡口；

④ 分水器拖出不应超出 0.5m；

⑤ 第一盘水带甩开后，应达到 8m 线。

（六）成绩评定

计时从发出"开始"口令至操作人员持水枪冲过终点线时止，具体评定标准见表 2-2。

表 2-2　一人三盘内扣式水带连接成绩评定标准

评定等级	优秀	良好	中等	及格	不及格
评定指标/s	$t<14$	$14 \leqslant t<16$	$16 \leqslant t<18$	$18 \leqslant t<20$	$t \geqslant 20$

（七）安全注意事项

操作人员跑动中防止被水带绊倒。

科目三　水带收卷技能

（一）训练目的

水带收卷技能是消防业务训练及消防救援实战中经常要用到的基本技能。通过训练，使参训人员掌握不同情况下水带收卷的方法和操作要求。

（二）场地器材设置

在平整的训练场地上放置 65mm 水带 1 盘。

（三）操作程序

参训人员在起点线一侧 3m 处站成一列横队。

听到"第一名，出列"的口令，操作人员答"是"，跑步至起点线成立正姿势。

听到"准备器材"的口令，操作人员整理、检查所使用的器材，做好器材准备。

听到"预备"的口令，操作人员做好操作准备。

听到"开始"的口令，操作人员按照整理水带、收卷水带的程序进行操作。

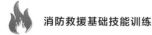
听到"收操"的口令，操作人员将器材恢复原位，成立正姿势。

听到"入列"的口令，操作人员跑步入列。

（四）动作要领

1. 方法 1　双卷式收卷法

水带收卷方法根据不同的使用环境，有多种不同的收卷方法，此处重点介绍双卷式水带收卷技能，双卷式收卷法是一种常用的方法，平时训练中较为常用，另外，水带在消防车上进行战备存放时，通常也是双卷式收卷存放的，如图 2-11 所示。

操作人员先将水带铺平对折，注意上下两个接口之间相差约 30cm，然后从对折位置开始收卷，随着水带卷越来越大，采用双手"托举"的方式收卷，右手转动水带卷，左手卡住水带，使水带卷能够卷齐，收整完毕后，上层接口比下层接口短 10～15cm。

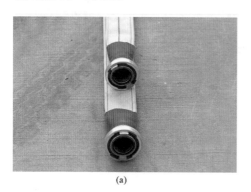
(a)

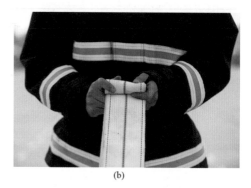
(b)

(c)

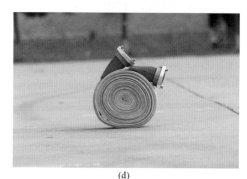
(d)

图 2-11　双卷式收卷法动作要领

2. 方法 2　单卷式收卷法

此种方法适用于灭火战斗结束后，水带内有水的情况下快速收整水带、器材上车归队，归队后再进行晾晒工作，如图 2-12 所示。

(a)   (b)   (c)

图 2-12 单卷式收卷法动作要领

操作人员将水带接口断开，拿起一端接口，开始收卷，同时将水带内的余水挤出。

3. 方法 3 "S"形收卷法

此种方法与上一种方法类似，主要用于在灭火战斗结束后，水带内有水的情况下快速收整水带。

操作人员手持水带一端接口，两臂展开，以手臂作为中轴，呈"S"形收整水带，如图 2-13 所示。

(a)   (b)   (c)

图 2-13 "S"形收卷法动作要领

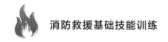

（五）操作要求

① 水带收整应整齐、紧实；

② 双卷式收整水带完毕后，上下层接口之间相差约 10cm；

③ 单卷式和"S"形水带收整方法是应急条件下快速收整水带的方法，晾晒完毕后，应恢复成双卷式，以便战备使用。

（六）成绩评定

水带收卷动作迅速，收卷效果良好为合格。

（七）安全注意事项

收卷水带时，防止接口固定铁环（丝）划伤手指。

第三节

铺设水带延伸技能实训科目

科目一　沿拉梯铺设水带

（一）训练目的

通过训练，使参训人员掌握利用拉梯从外部登高进入室内铺设水带实施进攻的方法。

（二）场地器材设置

在训练塔前 10m 处标出起点线，起点线上放置分水器 1 支、65mm 水带 1 盘、水枪 1 支、水带挂钩 1 根、训练塔二楼窗口架设 6m 拉梯 1 部，如图 2-14 所示。

（三）操作程序

参训人员在起点线一侧 3m 处站成一列横队。

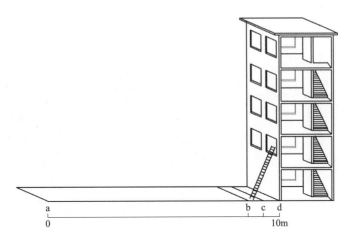

图 2-14　沿拉梯铺设水带场地器材设置示意图

a—起点线；b～c—竖梯区；d—塔基线

听到"前两名，出列"的口令，操作人员答"是"，跑至起点线成立正姿势。

听到"准备器材"的口令，操作人员整理、检查所使用的器材，做好器材准备。

听到"预备"的口令，操作人员做好操作准备。

听到"开始"的口令，②号员做好拉梯保护，①号员携水带挂钩，甩开水带，连接上分水器和水枪接口，跑向拉梯，背上水枪、水带，攀登拉梯进入二层，提拉机动水带，固定水带，举手示意喊"好"。

听到"收操"的口令，操作人员将器材恢复原位，成立正姿势。

听到"入列"的口令，操作人员跑步入列。

（四）动作要领

1. ①号员沿拉梯铺设水带

①号员携带好水带挂钩，向前甩开水带，连接分水器，然后跑向拉梯；②号员跑至拉梯底部扶梯。

①号员胸前挂水带、水枪，按照原地攀登 6m 拉梯的动作要领攀登拉梯进入二楼室内，如图 2-15（a）～（c）所示。

2. ①号员提拉机动水带与固定水带

①号员进入二楼室内后，向内提拉机动水带，并用水带挂钩进行固定，完成操作后举手示意喊"好"，如图 2-15（d）～（f）所示。

(a)　　　　　　　　(b)　　　　　　　　(c)

(d)　　　　　　　　(e)　　　　　　　　(f)

图 2-15　沿拉梯铺设水带动作要领

（五）操作要求

① 铺设水带按"一人一盘水带"操作要求实施；

② 逐级攀登 6m 拉梯，进入窗内要注意安全；

③ 水带必须用挂钩挂好，挂钩高度不低于窗台；

④ 室内机动水带长度不小于 5m。

（六）成绩评定

计时从发出"开始"口令至①号员完成水带线路铺设，在室内做好射水准备时止，具体评定标准见表 2-3。

表 2-3　沿拉梯铺设水带成绩评定标准

技能评分（A） （满分 70 分）	70～60	59～50	49～40	39～30	<30
技能标准	个人防护全面、细致；铺设动作熟练、高效；铺设效果优良	个人防护到位；铺设动作连贯；铺设效果较好	个人防护存在漏洞；铺设动作生疏；铺设效果一般	个人防护缺失严重；铺设动作勉强完成；铺设效果较差	忽视个人防护；铺设动作错误；铺设失败
时间评分（B） （满分 30 分）	30～25	24～20	19～15	14～10	<10
时间标准/s	$t<13$	$13≤t<14$	$14≤t<15$	$15≤t<16$	$t≥16$
计算公式	$S=A+B$				
评定等级	优秀 100～90	良好 89～80	中等 79～70	及格 69～60	不及格 <60

（七）安全注意事项

操作人员攀登拉梯时，双手握紧梯蹬，防止滑落。

科目二　沿楼梯蜿蜒铺设水带

（一）训练目的

通过训练，使参训人员掌握沿楼梯蜿蜒铺设两带一枪的方法。

（二）场地器材设置

在训练塔前 5m 处标出起点线，起点线上放置分水器 1 支、65mm 水带 2 盘、水枪 1 支，如图 2-16 所示。

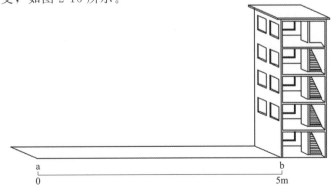

图 2-16　沿楼梯蜿蜒铺设水带场地器材设置示意图
a—起点线；b—塔基线

（三）操作程序

参训人员在起点线一侧 3m 处站成一列横队。

听到"前两名，出列"的口令，操作人员答"是"，跑至起点线成立正姿势。

听到"准备器材"的口令，操作人员整理、检查所使用的器材，做好器材准备。

听到"预备"的口令，操作人员做好操作准备。

听到"开始"的口令，①号员沿楼梯铺设水带线路至三楼成立射姿势，举右手喊"好"；②号员连接好分水器和水带接口，听到①号员喊"好"后开启分水器阀门，负责供水。

听到"收操"的口令，操作人员将器材恢复原位，成立正姿势。

听到"入列"的口令，操作人员跑步入列。

（四）动作要领

1. ①号员沿楼梯蜿蜒铺设水带

①号员迅速将水枪插于腰间，携带第二盘水带，沿楼梯至一楼楼梯拐角处，甩开第二盘水带，并沿楼梯向上铺设水带至三楼室内，连接水枪，举手示意喊"好"，如图 2-17（a）～（d）所示。

2. ②号员连接分水器，负责供水

②号员甩开第一盘水带，并连接分水器，再跑至楼梯处将第一盘水带和第二盘水带进行连接，然后回到分水器处，开启分水器阀门，负责供水，如图 2-17（e）～（f）所示。

(a)

(b)

(c)

(d)

(e)

(f)

图 2-17 沿楼梯蜿蜒铺设水带动作要领

（五）操作要求

① 第一盘水带甩开时右手在前，左手在后。第一、二盘水带连接时，用右手水带接口连接左手水带上层接口；

② 水带不得扭圈，楼梯转角处水带应有机动长度。

（六）成绩评定

计时从发出"开始"口令至①号员完成水带线路铺设，在室内做好射水准备时止，具体评定标准见表 2-4。

表 2-4 沿楼梯蜿蜒铺设水带成绩评定标准

技能评分（A）（满分 70 分）	70～60	59～50	49～40	39～30	＜30
技能标准	个人防护全面、细致；铺设动作熟练、高效；铺设效果优良	个人防护到位；铺设动作连贯；铺设效果较好	个人防护存在漏洞；铺设动作生疏；铺设效果一般	个人防护缺失严重；铺设动作勉强完成；铺设效果较差	忽视个人防护；铺设动作错误；铺设失败

续表

时间评分（B） （满分30分）	30～25	24～20	19～15	14～10	<10
时间/s	$t<16$	$16\leqslant t<17$	$17\leqslant t<18$	$18\leqslant t<19$	$t\geqslant19$
计算公式	$S=A+B$				
评定等级	优秀100～90	良好89～80	中等79～70	及格69～60	不及格<60

（七）安全注意事项

操作人员攀登楼梯时，防止滑倒。

科目三　沿楼层垂直铺设水带

（一）训练目的

通过训练，使参训人员掌握登高铺设、固定干线水带的方法。

（二）场地器材设置

在训练塔前10m处标出起点线，起点线上放置分水器2支、80mm水带2盘、5m安全绳2根，如图2-18所示。

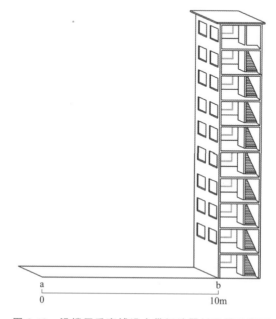

图2-18　沿楼层垂直铺设水带场地器材设置示意图

a—起点线；b—塔基线

（三）操作程序

参训人员在起点线一侧 3m 处站成一列横队。

听到"前三名，出列"的口令，操作人员答"是"，跑至起点线成立正姿势。

听到"准备器材"的口令，操作人员整理、检查所使用的器材，做好器材准备。

听到"预备"的口令，操作人员做好操作准备。

听到"开始"的口令，①号员和②号员携水带和安全绳沿楼梯蹬至八楼和五楼窗台处，相互配合完成水带铺设和固定，③号员在楼下负责连接和控制泄压分水器。

听到"收操"的口令，操作人员将器材恢复原位，成立正姿势。

听到"入列"的口令，操作人员跑步入列。

（四）动作要领

1. ①号员、②号员携带所需器材至各自登高位置

①号员携带 80mm 水带 1 盘、分水器 1 支，5m 小绳 1 根，登楼梯至八层；②号员携带 80mm 水带 1 盘、5m 安全绳 1 根登楼梯至五层。

2. 楼内甩开水带

①号员、②号员到达目标楼层后，将水带向室内方向铺设打开，如图 2-19（a）所示。

3. ①号员向下释放水带

①号员将水带打开后，双手交替向下释放一个水带接口，如图 2-19（b）所示。

4. ②号员连接水带接口，并固定水带接口

②号员接到①号员释放的水带接口后，将其与自己的水带接口进行连接，然后在两个接口连接部位的下方（接口套筒上）用安全绳制作卷结，与室内固定物体连接，用以固定水带，如图 2-19（c）所示。

5. ①号员连接固定顶部分水器

待②号员固定好水带接口后，通知①号员，①号员将水带的另一个接口连接到顶部分水器上，并用安全绳将顶部分水器固定好，如图 2-19（d）、（e）所示，并在水带通过窗口拐角位置用垫布实施保护。

6. ②号员向下释放水带

②号员连接、固定好水带后，将另一个水带接口采用双手交替的方式释放至地面。

7. ③号员连接泄压分水器

③号员将②号员释放的水带接口连接到泄压分水器上，并做好控制分水器准备，如图 2-19（f）所示。

图 2-19　沿楼层垂直铺设水带动作要领

（五）操作要求

① 水带不得直接甩抛到窗外；

② 向下传递水带接口时必须双手交替，并有安全保护；

③ 顶部分水器、水带连接部位必须用安全绳进行固定。

（六）成绩评定

计时从发出"开始"口令至各号员完成水带线路铺设，达到供水条件时止，具体评定标准见表 2-5。

表 2-5　沿楼层垂直铺设水带成绩评定标准

技能评分（A）（满分 70 分）	70～60	59～50	49～40	39～30	<30
技能标准	个人防护全面、细致；铺设动作熟练、高效；铺设效果优良	个人防护到位；铺设动作连贯；铺设效果较好	个人防护存在漏洞；铺设动作生疏；铺设效果一般	个人防护缺失严重；铺设动作勉强完成；铺设效果较差	忽视个人防护；铺设动作错误；铺设失败
时间评分（B）（满分 30 分）	30～25	24～20	19～15	14～10	<10
时间/s	$t<30$	$30\leqslant t<40$	$40\leqslant t<50$	$50\leqslant t<60$	$t>60$
计算公式	$S=A+B$				
评定等级	优秀 100～90	良好 89～80	中等 79～70	及格 69～60	不及格<60

（七）安全注意事项

水带通过窗口拐角时，为防止割破水带，应进行垫布保护。

第三章 灭火剂喷射技能训练

03

灭火剂喷射技能，是指消防员在消防救援现场，利用各种灭火剂喷射器材向火场喷射灭火剂的专项技能。

灭火剂喷射技能训练的目的是使参训人员了解常用灭火剂的性能用途，掌握灭火剂喷射的操作方法而开展的专项技能训练。

本章重点介绍水灭火剂的喷射技能。

第一节

常用灭火剂简介

灭火剂，是指通过动力驱动喷射到火场且能够将火扑灭的物质。常用的灭火剂有水灭火剂、泡沫灭火剂、干粉灭火剂、气体灭火剂等。不同的灭火剂由于组成成分不同，其物理、化学性质不同，灭火原理、使用方法和适用范围等也不相同。

一、水灭火剂

（一）水灭火剂的概念

水是一种最古老、应用最广泛的天然灭火剂，无色、无味，具有不燃、热容量大等特点，主要用于扑救普通固体物质火灾（A类火灾）。水在自然界中的存在形式不同，可以分为固、液、气三种状态。作为液态形式的水，在消防中应用最为广泛。作为气态形式的水蒸气，可以作为灭火剂直接使用，但在消防中最常见到的是受到热辐射和热交换的作用，水蒸发变为水蒸气而起到一定的灭火作用。作为固态形式的冰和雪，在消防中很少被直接使用。

（二）水灭火剂的灭火原理

1. 冷却作用

当水与炽热的燃烧物接触时，在被加热和汽化的过程中，会大量吸收燃烧物的热量，迫使燃烧物的温度大大降低而最终停止燃烧。另外，水对可燃固体物质（如天然高分子材料）有一定的润湿作用。被水润湿或浸透的物质在火焰或辐射热的作用下，即使达到物质的自燃点也不会很快地燃烧，因为物质吸收的热量首先要消耗于材料所含的水分的汽化上，只有在物质表层的水汽化净以后，物质本身才开始热裂解直至燃烧。用水润湿可燃材料防止其燃烧，也是水的冷却作用的结果。

2. 窒息作用

水遇到炽热的燃烧物汽化时会产生大量水蒸气。1kg 水变为 100℃ 的蒸汽时，其体积膨胀约 1700 倍，在敞开的燃烧区域，水蒸气能够稀释燃烧物周围大气的氧含量，阻碍新鲜空气进入燃烧区。在密闭的燃烧区域内，大量的水蒸气可使燃烧区内的氧浓度大大降低，甚至将火熄灭。一般情况下，当空气中的水蒸气体积含量达 35％时，大多数燃烧都会停止。

3. 稀释作用

很多可燃物质是易溶于水的，如甲醇、乙醇、丙酮、甲醛、乙醛等，当这些液体着火并用水扑救时，它们将溶解于水而形成水溶液。水溶性可燃液体发生火灾时，随着水的注入，水与可燃液体混合后，可燃物质的浓度降低，可燃蒸气产生的速率下降，闪点也逐渐升高。随着水的注入量增加，可燃物质的浓度降低到某一值以下时，从水溶液中蒸发出的可燃蒸气的量就不足以再支持燃烧，燃烧即告终止。

4. 冲击作用

在机械力的作用下，直流水枪喷射出的密集水流具有强大的冲击力，可以冲散燃烧物，改变燃烧物持续燃烧所必需的状态，显著减弱燃烧强度；也可以冲断火焰，使之熄灭。

（三）水灭火剂的使用形态

1. 直流水

直流水具有充实水柱的水射流称为直流水，又称柱状水，可以由各种固定式或移动式的水炮、带架水枪、直流水枪、直流喷雾水枪或多功能水枪等喷射器具喷出。直流水具有射程远、流量大、冲击力强等特点，主要用于扑救一般固体物质火灾。

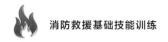

2. 开花水

开花水水滴平均粒径大于 $100\mu m$、用来降低热辐射的伞形水射流称为开花水，可以由直流开花水枪或多功能水枪等喷射器具喷出。开花水具有水流为伞形的特点，主要用于稀释可燃有毒气体、隔绝辐射热等场合。

3. 雾状水

雾状水水滴平均粒径不大于 $100\mu m$、射流边缘夹角大于 0，且不具有充实核心段的水射流称为雾状水，又称喷雾水，可以由喷雾水枪、直流喷雾水枪或多功能水枪等喷射器具喷出。雾状水汽化速度快、降温速度快、窒息作用强的特点，具有灭火效率高，水渍损失小的优势，主要用于稀释烟尘、降低辐射热等场合。

（四）不能用水扑救的火灾

1. 遇水发生化学反应的物质火灾

这些物质与水反应可能会放出大量热量、产生爆炸性气体或有毒气体，造成爆炸或人员中毒。

2. 可燃固体粉尘的火灾

用直流水或密集水流扑救可燃固体粉尘火灾时，有可能把燃烧物冲散、形成爆炸性混合物，有发生粉尘爆炸的危险。

3. 容易发生沸溢、喷溅的重质油品火灾

某些可燃液体储罐、油池，特别是重质油发生火灾，经过较长时间的燃烧后，会形成一定厚度的热波（温度远高于 100℃ 且具有较大厚度的油品层），用水扑救会造成油品的沸溢、喷溅，使火灾扩大。

二、泡沫灭火剂

（一）泡沫灭火剂的概念

凡能够与水混溶，并可通过机械方法产生泡沫的灭火剂，被称为泡沫灭火剂，执行标准《泡沫灭火剂》（GB 15308—2006）。大多数泡沫灭火剂以浓缩液的形式存在，是表面活性剂和其他添加剂与水的混合物，因而又被称为泡沫溶液或泡沫浓缩液泡沫灭火剂，一般用来扑救 A 类（普通固体物质）和 B 类（易燃可燃液体）火灾。

（二）泡沫灭火剂的分类

1. 按发泡倍数分类

按发泡倍数不同，可分为低倍数泡沫灭火剂、中倍数泡沫灭火剂、高倍数泡沫灭火剂。低倍数泡沫灭火剂的发泡倍数一般在 20 以下；中倍数泡沫灭火剂发泡倍数一般为 20～200；高倍数泡沫灭火剂的发泡倍数在 200 以上。

2. 按发泡基质分类

按泡沫液基质的不同，可分为蛋白型（P）和合成型（S）两大类。

3. 按用途分类

按灭火用途不同，低倍数泡沫灭火剂可分为 A 类泡沫灭火剂、普通泡沫灭火剂和多功能泡沫灭火剂。

① A 类泡沫灭火剂，适用于扑救 A 类初起火灾。

② 普通泡沫灭火剂，属于非抗醇（溶）性（非 AR），适用于扑救 A 类和 B 类火灾中的非极性液体火灾。

③ 多功能泡沫灭火剂，属于抗醇（溶）性（AR），适用于扑救 A 类、B 类火灾中的极性液体和非极性液体火灾。

（三）泡沫灭火剂的灭火原理

1. 冷却作用

当泡沫被喷射到燃烧着的物质表面时，由于燃料表面的热作用，首先到达燃料表面的泡沫被加热，泡沫中的水被汽化，从而吸收了接触部分的燃料表面的热量，降低了燃烧物质表面的温度，随着泡沫的连续施加，在被冷却了的燃料表面形成了一个泡沫层。由于泡沫在燃料表面的扩散流动，泡沫层的面积不断扩大，被冷却的燃料表面积也越来越大直至整个燃料表面都被泡沫层所覆盖。在燃料表面被泡沫覆盖之后，泡沫层与燃料表面之间的热交换作用仍不断进行。在泡沫层与燃料接触的界面处，泡沫中的水分不断蒸发而减少，由于燃料表面尚未被充分冷却，燃料仍以一定的速度蒸发，并穿过泡沫层，在泡沫层上方燃烧。由于燃料的蒸发速率受到泡沫层的抑制，火势显著减小。

2. 窒息作用

由于泡沫中充填大量气体，相对水的密度较小，可漂浮于液体的表面，或附着于一般可燃固体表面，形成一个泡沫覆盖层，使燃烧物表面与空气隔绝。泡沫的窒

息作用主要表现在可以降低燃料表面的氧的浓度，直至将燃烧物质与大气中的氧完全隔离开，从而达到窒息灭火的作用。

三、干粉灭火剂

（一）干粉灭火剂的概念

干粉灭火剂，是指用于灭火的颗粒直径小于 0.25mm 的无机固体粉末。常见的干粉灭火剂主要有 BC 粉灭火剂、ABC 干粉灭火剂，执行《干粉灭火剂》（GB 4066—2017）标准颗粒直径小于 $2\mu m$ 的干粉灭火剂，被称为超细干粉灭火剂，执行《超细干粉灭火剂》（XF 578—2005）标准。

（二）干粉灭火剂的灭火原理

1. 化学灭火原理

干粉灭火剂中的无机盐是对燃烧反应的非活性物质，当它们进入燃烧区与火焰混合时，发生如下化学反应：

$$M（无机盐）＋HO \cdot \rightarrow MOH$$

$$MOH＋H \cdot \rightarrow M＋H_2O$$

通过以上反应，无机盐可以同时捕获 $HO \cdot$ 和 $H \cdot$，并使其结合成为非活性的水，使火焰中的 $HO \cdot$ 和 $H \cdot$ 的数量减少。当火焰中的 $HO \cdot$ 和 $H \cdot$ 被消耗的速率大于其生成速率时，$HO \cdot$ 和 $H \cdot$ 很快被耗尽，链式反应过程被终止，火焰即告熄灭。

2. ABC 干粉灭火原理

除具有与 BC 干粉灭火剂相同的对有焰燃烧的抑制作用和一定的吸热降温机理外，ABC 粉灭火剂还具有对固体物质燃烧表面覆盖、炭化的灭火作用机理，不仅可以扑灭有焰燃烧，而且还能扑灭一般固体物质的表面燃烧。

（1）覆盖作用 以磷酸二氢铵为基料的干粉灭火剂为例，当磷酸二氢铵粉粒落到灼热的燃烧物表面时，会发生一系列的化学反应，反应生成的偏磷酸 HPO_3 和聚磷酸盐，在高温下被熔化并形成一个玻璃状覆盖层，并能渗透到燃烧物表面的细孔中。这层玻璃状覆盖层将固体表面与周围空气中的氧隔开，使燃烧窒息。被熔化的偏磷酸和聚磷酸盐渗入燃烧物细孔的深度并不大，但对扑灭一般固体物质的表面燃烧有足够的作用，且还具有一定的阻止复燃的作用。

（2）炭化作用 以磷酸二氢铵、硫酸铵等为基料的干粉灭火剂为例，当这些物质粉粒落到灼热的燃烧物表面时，遇热会分解产生强酸性物质（如多磷酸、多聚硫酸等），这些酸性物质可使木材主要成分木质素和纤维素脱水，导致燃烧表面被炭化形成炭化层。炭化层是热的不良导体和难燃烧体，附着于着火固体表面，可使燃烧过程逐渐变缓甚至停止。

四、二氧化碳灭火剂

（一）二氧化碳灭火剂的概念

二氧化碳灭火剂，是指以二氧化碳为灭火介质的灭火剂。作为灭火剂的二氧化碳纯度应大于99.5％，水含量不大于0.15‰，执行GB 4396—2005《二氧化碳灭火剂》标准。二氧化碳灭火剂主要应用于固定灭火系统和灭火器，在消防车上也有应用。

（二）二氧化碳灭火剂的灭火原理

1. 窒息作用

二氧化碳灭火剂平时以液态的形式储存于灭火器或压力容器中，灭火时通过喷嘴等设备喷射到被保护的区域。在常压下，液态的二氧化碳立即被汽化，能排除空气而包围在燃烧物的表面。大量的二氧化碳气体包围在燃烧物的周围或分布在被保护的密封空间中，可以降低燃烧物周围或空间内空气中的氧含量，从而对燃烧起到窒息作用。

2. 冷却作用

当二氧化碳从钢瓶中被释放出来，由液体迅速膨胀为气体时，会因吸收大量热量而产生冷冻效果，致使部分二氧化碳转变为固态的干冰，干冰的温度为－78℃。干冰在迅速被汽化的过程中，要从火焰和周围的环境中吸热。

第二节

射水姿势实训科目

在火灾扑救过程中，水枪操作人员所采取的姿势称为射水姿势。常用的射水姿势有立姿射水、跪姿射水、卧姿射水和肩姿射水，操作人员可以根据火场的具体情况采取相应的射水姿势。

科目一　立姿射水

立姿射水是火场当中最为常用的一种射水姿势，适用于火场视野比较开阔，没有爆炸危险的情况下。

（一）训练目的

通过训练，使参训人员掌握立姿射水的动作要领和操作方法。

（二）场地器材设置

在平整的训练场地上标出起点线，在起点线前 15m 处标出射水线，如图 3-1 所示。从起点线开始铺设 1 盘 65mm 水带，并连接 1 支 19mm 直流开关水枪至射水线，枪口与射水线平齐。

图 3-1　立姿射水场地器材设置示意图
a—起点线；b—射水线

（三）操作程序

参训人员在起点线一侧 3m 处站成一列横队。

听到"第一名，出列"的口令，操作人员答"是"，跑至起点线成立正姿势。

听到"准备器材"的口令，操作人员整理、检查所使用的器材，做好器材准备。

听到"预备"的口令，操作人员做好操作准备。

听到"立姿射水"的口令，操作人员按照持枪、做立姿、开水枪、关水枪、立正、枪放下的顺序进行操作。

听到"收操"的口令，操作人员将器材恢复原位，成立正姿势。

听到"入列"的口令，操作人员跑步入列。

（四）动作要领

1. 持枪

操作人员左脚前跨一步，右手持枪体中间部位，如图 3-2（a）所示。

2. 做立姿

操作人员挺身起立，持枪于腰际呈弓步站立，左手握水枪中部，右手握水枪水带接口部位，将水枪置于腰际，双眼目视火场，如图 3-2（b）所示。

3. 开、关水枪操作

操作人员缓慢打开水枪，进行立姿射水操作，射水完毕后，缓慢关闭水枪。

4. 立正、枪放下

操作人员操作完毕后，成立正姿势，将枪放回原位。

(a)

(b)

图 3-2 立姿射水动作要领

（五）操作要求

① 射水姿势正确、动作连贯；

② 射水时充实水柱要求达到 15m；

③ 水枪手身后要有一名辅助人员。

（六）成绩评定

操作人员个人防护措施到位，射水姿势正确，动作连贯，符合操作要求为合格。

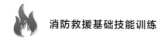

（七）安全注意事项

操作人员开、关水枪速度要慢，防止产生较大的后坐力伤人。

科目二　跪姿射水

跪姿射水适用于当火场烟气较大并伴有爆炸危险时，水枪手需要降低身体重心，以便从烟气底部看清起火部位，同时防止爆炸产生的冲击波及飞溅物体伤及自身。

（一）训练目的

通过训练，使参训人员掌握跪姿射水的动作要领和操作方法。

（二）场地器材设置

在平整的训练场地上标出起点线，在起点线前 15m 处标出射水线，参见图 3-1 场地器材设置示意图。从起点线开始铺设 1 盘 65mm 水带，并连接 1 支 19mm 直流开关水枪至射水线，枪口与射水线平齐。

（三）操作程序

参训人员在起点线一侧 3m 处站成一列横队。

听到"第一名，出列"的口令，操作人员答"是"，跑至起点线成立正姿势。

听到"准备器材"的口令，操作人员整理、检查所使用的器材，做好器材准备。

听到"预备"的口令，操作人员做好操作准备。

听到"跪姿射水"的口令，操作人员按照持枪、做跪姿、开水枪、关水枪、立正、枪放下的顺序进行操作。

听到"收操"的口令，操作人员将器材恢复原位，成立正姿势。

听到"入列"的口令，操作人员跑步入列。

（四）动作要领

1. 持枪

操作人员左脚前跨一步，右手持枪体中间部位，如图 3-3（a）所示。

2. 做跪姿

操作人员右腿单膝跪地，左手握水枪中部，右手握水枪水带接口部位，将水枪置于腰际，用肘夹住水带，双眼目视火场，如图 3-3（b）所示。

(a)   (b)

图 3-3 跪姿射水动作要领

3. 开、关水枪操作

操作人员缓慢打开水枪，进行跪姿射水操作，射水完毕后，缓慢关闭水枪。

4. 立正、枪放下

操作人员操作完毕后，成立正姿势，将枪放回原位。

（五）操作要求

① 射水姿势正确、动作连贯；
② 射水时充实水柱要达到 15m；
③ 水枪手身后要有一名辅助人员。

（六）成绩评定

操作人员个人防护措施到位，射水姿势正确，动作连贯，符合操作要求为合格。

（七）安全注意事项

操作人员开、关水枪速度要慢，防止产生较大的后坐力伤人。

科目三　卧姿射水

卧姿射水适用于火场烟气浓度非常大，且随时有可能发生爆炸时，操作人员需进一步采用卧姿射水的方式以降低身体重心，在灭火的同时，最大限度保全自身。

（一）训练目的

通过训练，使参训人员掌握卧姿射水的动作要领和操作方法。

（二）场地器材设置

在平整的训练场地上标出起点线，在起点线前 15m 处标出射水线，参见图 3-1 场地器材设置示意图。从起点线开始铺设 1 盘 65mm 水带，并连接 1 支 19mm 直流开关水枪至射水线，枪口与射水线平齐。

（三）操作程序

参训人员在起点线一侧 3m 处站成一列横队。

听到"第一名，出列"的口令，操作人员答"是"，跑至起点线成立正姿势。

听到"准备器材"的口令，操作人员整理、检查所使用的器材，做好器材准备。

听到"预备"的口令，操作人员做好操作准备。

听到"卧姿射水"的口令，操作人员按照持枪、做卧姿、开水枪、关水枪、立正、枪放下的顺序进行操作。

听到"收操"的口令，操作人员将器材恢复原位，成立正姿势。

听到"入列"的口令，操作人员跑步入列。

（四）动作要领

1. 持枪

操作人员左脚前跨一步，右手持枪体中间部位，如图 3-4（a）所示。

2. 做卧姿

操作人员采用俯卧姿势将水带压在身下，双肘支撑，左手握水枪中部，右手握水枪水带接口部位，双眼目视火场，如图 3-4（b）所示。

(a)   (b)

图 3-4　卧姿射水动作要领

3. 开、关水枪操作

操作人员缓慢打开水枪，进行卧姿射水操作，射水完毕后，缓慢关闭水枪。

4. 立正、枪放下

操作人员操作完毕后，成立正姿势，将枪放回原位。

（五）操作要求

射水姿势正确、动作连贯。

（六）成绩评定

操作人员个人防护措施到位，射水姿势正确，动作连贯，符合操作要求为合格。

（七）安全注意事项

操作人员开、关水枪速度要慢，防止产生较大的后坐力伤人。

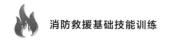

科目四　肩姿射水

肩姿射水适用于火场起火部位较高，采用立姿射水无法触及时，利用肩姿射水来提高水流的高度，达到灭火的目的。

（一）训练目的

通过训练，使参训人员掌握肩姿射水的动作要领和操作方法。

（二）场地器材设置

在平整的训练场地上标出起点线，在起点线前 15m 处标出射水线，参见图 3-1 场地器材设置示意图。从起点线开始铺设 1 盘 65mm 水带，并连接 1 支 19mm 直流开关水枪至射水线，枪口与射水线平齐。

（三）操作程序

参训人员在起点线一侧 3m 处站成一列横队。

听到"第一名，出列"的口令，操作人员答"是"，跑至起点线成立正姿势。

听到"准备器材"的口令，操作人员整理、检查所使用的器材，做好器材准备。

听到"预备"的口令，操作人员做好操作准备。

听到"肩姿射水"的口令，操作人员按照持枪、做肩姿、开水枪、关水枪、立正、枪放下的顺序进行操作。

听到"收操"的口令，操作人员将器材恢复原位，成立正姿势。

听到"入列"的口令，操作人员跑步入列。

（四）动作要领

1. 持枪

操作人员左脚前跨一步，右手持枪体中间部位，如图 3-5（a）所示。

2. 做肩姿

操作人员挺身起立，持枪于腰际呈弓步站立，将水枪扛于肩部，双手握持水枪，双眼目视火场，如图 3-5（b）所示。

 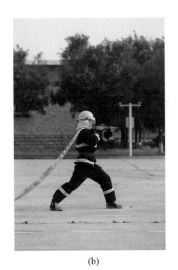

(a)　　　　　　　　　　　　　(b)

图 3-5　肩姿射水动作要领

3. 开、关水枪操作

操作人员缓慢打开水枪，进行肩姿射水操作，射水完毕后，缓慢关闭水枪。

4. 立正、枪放下

操作人员操作完毕后，成立正姿势，将枪放回原位。

（五）操作要求

① 射水姿势正确、动作连贯；
② 射水时充实水柱要达到 15m；
③ 水枪手身后要有一名辅助人员。

（六）成绩评定

操作人员个人防护措施到位，射水姿势正确，动作连贯，符合操作要求为合格。

（七）安全注意事项

操作人员开、关水枪速度要慢，防止产生较大的后坐力伤人。

第三节

射流变换实训科目

科目一 直流与雾状射流变换操作

（一）训练目的

通过训练，使参训人员学会利用多功能水枪变换射流的方法。

（二）场地器材设置

在平整的训练场地上标出起点线，在起点线上停放 1 辆水罐消防车，车泵出水口与起点线相齐，起点线前 15m 处标出射水线，如图 3-6 所示。从车泵出水口连接 1 盘 65mm 水带至射水线，并与多功能水枪连接。

图 3-6 直流与雾状射流变换操作场地器材设置示意图
a—起点线；b—射水线

（三）操作程序

参训人员在起点线一侧 3m 处站成一列横队。

听到"第一名出列"的口令，操作人员答"是"，跑至车辆后侧成立正姿势。

听到"准备器材"的口令，操作人员跑步至射水线做好器材准备。

听到"预备"的口令，操作人员做好立姿射水的姿势，并示意驾驶员供水。

听到"开始"的口令，操作人员按照直流、开花、喷雾、直流的顺序进行射流变换操作，恢复到直流形状后，举手示意喊"好"。

听到"收操"的口令，操作人员关闭水枪，将器材恢复原位，立正站好。

听到"入列"的口令，操作人员跑步入列。

（四）动作要领

1. 做好立姿射水姿势

操作人员按照立姿射水的要求做好射水姿势，举右手示意驾驶员供水。

2. 直流射水

操作人员打开水枪开关，将枪头向前调至直流状态，进行直流射水，如图 3-7（a）所示。

3. 喷雾射水

操作人员将枪头向后调至喷雾状态，进行喷雾射水，如图 3-7（b）所示。

4. 操作完毕

操作人员最后将射流调整为直流状态，示意驾驶员减压，并将水枪关闭。

(a)   (b)

图 3-7 射流变换动作要领

（五）操作要求

① 射水时必须要有辅助人员协助操作；

② 水枪手开、关水枪速度要缓慢；

③ 每变换一种射流都要还原到直流形态，在直流的基础上再变换另一种射流形式；

④ 旋转开关必须旋转到位，射流形状直观清晰；

⑤ 驾驶员供水时，要保持 0.7MPa 的压力。

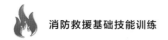

（六）成绩评定

操作人员个人防护措施到位，各种射流变换动作迅速、连贯，符合操作要求为合格。

（七）安全注意事项

操作人员开、关水枪速度要慢，防止产生较大的后坐力伤人。

科目二　操作中压卷盘中压枪射水

中压卷盘中压枪是中低压泵消防车的基本配置设备，能够快速地展开，当火势不大时，可以充分利用中压枪进行快速灭火作业。

（一）训练目的

通过训练，使参训人员掌握利用消防车中压卷盘快速出水灭火的操作方法。

（二）场地器材设置

在平整的训练场地上标出起点线，在起点线上停放 1 辆水罐消防车，车泵出水口与起点线相齐，起点线前 15m 处标出射水线，参见图 3-6 直流与雾状射流变换操作场地器材设置示意图。

（三）操作程序

参训人员在车辆一侧 3m 处站成一列横队。

听到"第一名，出列"的口令，操作人员答"是"，跑至车辆后侧成立正姿势。

听到"准备器材"的口令，操作人员做好器材准备。

听到"预备"的口令，操作人员做好操作准备。

听到"开始"的口令，操作人员按照取枪、拉管、射水的顺序进行操作，举手示意喊"好"。

听到"收操"的口令，操作人员将器材恢复原位，立正站好。

听到"入列"的口令，操作人员跑步入列。

（四）动作要领

1. 取枪

操作人员打开泵房箱门，取下中压水枪，如图 3-8（a）所示。

2. 拉管

操作人员持中压水枪，向火场方向拉动，如图 3-8（b）所示。

3. 射水

操作人员接近火场后，向驾驶员发出供水口令，并采用立姿射水，如图 3-8（c）所示。

(a)

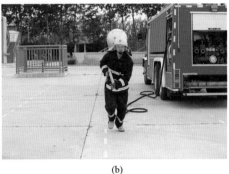

(b)

(c)

图 3-8　操作中压枪动作要领

（五）操作要求

① 施放、拖拉胶管过程中，尽量避免在地面拖拉、弯折成直角甚至锐角；
② 收起时，胶管应放出余水，擦拭干净，卷放整齐。

（六）成绩评定

操作人员个人防护措施到位，射水动作连贯，符合操作要求为合格。

（七）安全注意事项

操作人员射水时采取立姿射水的基本姿势。

科目三　操作车载水炮（泡沫炮）射水

（一）训练目的

通过训练，使参训人员掌握利用车载水炮（泡沫炮）出水灭火的操作方法。

（二）场地器材设置

在平整的训练场地上停放 1 辆水罐消防车。

（三）操作程序

参训人员在车辆一侧 3m 处站成一列横队。

听到"第一名出列"的口令，操作人员答"是"，跑至车辆后侧成立正姿势。

听到"准备器材"的口令，操作人员做好器材准备。

听到"预备"的口令，操作人员做好操作准备。

听到"开始"的口令，操作人员按照上车、调整炮管、开炮射水的顺序进行操作，射水完毕后，举手示意喊好。

听到"收操"的口令，操作人员将器材恢复原位，下车后，在车后立正站好。

听到"入列"的口令，操作人员跑步入列。

（四）动作要领

1. 上车

操作人员登上车顶，做好操作准备，如图 3-9（a）所示。

2. 调整炮管

操作人员打开水平回转和俯仰机构开关，调整水炮（泡沫炮）角度，使炮管成 45°仰角。

3. 开炮射水

操作人员打开水炮（泡沫炮）出水阀门，向驾驶员示意供水，向前方前后左右射水，如图 3-9 (b) 所示。

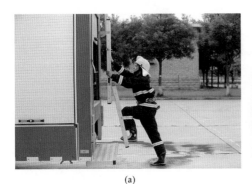
(a)

(b)

图 3-9　操作车载水炮动作要领

（五）操作要求

① 喷射水（泡沫）时，应在上风或侧上风方向；

② 摇摆、俯仰操作时应平稳；

③ 泡沫炮射水时，不得将泡沫管筒前置，防止影响射水效果。

（六）成绩评定

操作人员个人防护措施到位，射水动作连贯，符合操作要求为合格。

（七）安全注意事项

操作人员攀登消防车及在车顶操作车载水炮时防止跌落。

第四章 登高技能训练

登高技能，是指消防员在消防救援现场，采用各种登高器材攀登建、构筑物以达到灭火和救人战术目的的专项技能。

登高技能训练的目的是使参训人员了解常用登高器材的性能用途、掌握登高的动作要领和操作注意事项而开展的专项技能训练。

第一节

常用登高器材简介

消防梯是消防员在灾害现场用来跨越障碍物以及把被困人员从高处或低处救出的有效工具，适用范围广，使用方式灵活，救助效果明显。

消防梯按结构可以分为单杠梯、挂钩梯和拉梯等形式，按材质可分为竹质、木质和铝合金等，其性能应符合《消防梯》（XF 137—2007）标准规定的要求。

一、6m 拉梯

6m 两节拉梯是消防车载常备移动式登高工具，主要用于建筑物发生火灾时架设救人、疏散物资和进攻灭火的通道；特殊情况下可用来在建筑物之间架桥，或与绳索等配合使用吊升救人等。

当前消防救援队伍普遍配备的是竹质 TEZ61 型 6m 两节拉梯。该梯的主要结构由上节梯、下节梯、升降装置（拉绳、滑轮、制动器）三部分组成。每节梯由 13 个梯蹬构成，其中在 1、3、5、7、9、10、11、13 梯蹬上设有金属拉筋用于提高强度。

6m 两节拉梯缩合高度为 3.85m，完全展开高度为 6m，外宽 0.44m，梯蹬间距为 0.25m，在架设角度为 75°情况下，每个梯蹬载荷强度为 60kgf/cm² 时保持梯蹬不断，整梯重量不大于 35kg，如图 4-1 所示。

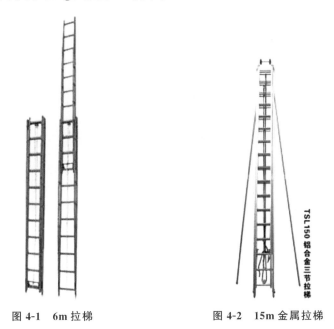

图 4-1 6m 拉梯　　　　图 4-2 15m 金属拉梯

二、 9m 拉梯和 15m 金属拉梯

（一）9m 拉梯

9m 两节拉梯是消防救援中常用的登高工具，主要用于较高的灾害现场救助，特别是多层和高层建筑的 2～3 层高度的地方，比云梯消防车等大型器械更加便捷，应用更加广泛。

当前消防救援队伍绝大部分装备的是竹质 TEZ91 型 9m 两节拉梯。该梯的主要结构由上节梯、下节梯、升降装置（拉绳、滑轮、制动器）三部分组成。

9m 两节拉梯缩合高度为 5.36m，完全展开高度为 9m，外宽 0.44m，梯蹬间距为 0.34m，在架设角度为 75°情况下，每个梯蹬载荷强度为 60kgf/cm²，保持梯蹬不断，整体重量不大于 53kg。

（二）15m 金属拉梯

15m 金属拉梯是三节拉梯结构，由三个梯节、支撑杆以及升降装置组合而成，其工作长度为（15±0.3）m，整梯重量不大于 120kg，如图 4-2 所示。

使用时 15m 金属拉梯时，拉动拉绳进行升降，上节梯在中节梯中滑动，中节

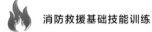

梯在下节梯中滑动，各节梯间以制动器限位。梯身两侧的支撑杆起到辅助支撑作用。

三、单杠梯和挂钩梯

（一）单杠梯

单杠梯是一种轻便的登高工具，其特点是体积小、重量轻，可以拼合成单根木杠的形态。使用时将一端抵地，梯梁（侧板）张开即成梯的形状，适用于狭窄区域或室内登高作业，还可跨沟越墙和当做简易担架使用。

单杠梯由两侧板（梯梁）和梯蹬组成，侧板两端包有铁皮（箍有铁环），如图4-3所示。单杠梯工作长度（3±0.1）m，整梯重量不大于12kg。

（二）挂钩梯

挂钩梯是消防救援队伍配备的常规登高器材之一，其主要用于消防员在建筑火灾抢险救援中借助窗口、阳台、栏杆等建筑构件钩挂固定梯身，登高上楼进行救人、疏散物资和进攻灭火。挂钩梯分木质、竹质和铝合金三种，工作长度（4±0.1）m，梯蹬间距0.34m；由2个侧板、13个梯蹬和1个金属挂钩（呈直角锯齿形）三部分组成；为防止两个侧板离散，在1、4、6、8、10、12梯蹬上安装有金属拉杆，侧板上下两端包有铁皮，整梯重量不大于12kg，如图4-4所示。

图 4-3　单杠梯

图 4-4　挂钩梯

第二节

登高基本技能实训科目

登高是消防员灭火与应急救援过程中经常用到的手段，利用移动式登高器材进行登高训练也是消防救援队伍的常训科目。

科目一 原地攀登 6m 拉梯

（一）训练目的

通过训练，使参训人员掌握原地攀登 6m 拉梯的动作要领和操作要求，为今后参加灭火与应急救援实战以及组织教育训练奠定基础。

（二）场地器材设置

在训练塔二层窗口内架设 6m 拉梯 1 部，上节梯锁定在下节梯第七梯蹬以上，架设在二层窗口内，如图 4-5 所示。

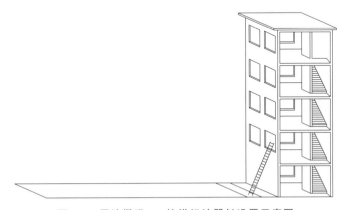

图 4-5　原地攀登 6m 拉梯场地器材设置示意图

（三）操作程序

参训人员在起点线一侧 3m 处站成一列横队。

听到"第一名，出列"的口令，操作人员答"是"，跑至起点线成立正姿势。

听到"准备器材"的口令，操作人员整理、检查所使用的器材，做好器材准备。

听到"预备"的口令，操作人员做好操作准备（左脚踩第二梯蹬，右手扶梯蹬）。

听到"开始"的口令，操作人员逐级攀登至二楼窗口，进入窗口，双脚着地后举手示意喊"好"。

听到"收操"的口令，操作人员从二楼上下来。

听到"入列"的口令，操作人员跑步入列。

（四）动作要领

1. 预备

操作人员左脚踩第二梯蹬，右手扶一侧梯梁，做好向上攀登的准备，如图4-6（a）所示。

2. 攀爬上升

攀爬过程中，要求操作人员眼睛斜向上看手即将要抓握的梯蹬；双臂伸直，双手向上伸，高于额头，向上抓握梯蹬，牵拉身体向上；躯干挺直，与梯身保持一定距离；膝盖上抬要正，不能偏向两侧，抬膝高度不能过高；双脚用前脚掌接触梯蹬，如图4-6（b）所示。

3. （进窗前）手部定位

操作人员临近窗口时，左手抓握梯顶左侧梯梁，右手抓握顶部第二梯蹬靠左位置，做好发力准备，如图4-6（c）所示。

4. 进窗动作

操作人员右脚登至第十五梯蹬时，左腿抬脚，脚踏窗台板，借助双手的力量，进入窗口内，如图4-6（d）所示。

5. 落地喊"好"

操作人员进入窗口，双脚落地后，面向窗外举手喊"好"，如图4-6（e）所示。

（五）操作要求

① 攀登拉梯时，双脚要逐级攀登；

② 攀登拉梯时，双手要抓握梯蹬，不能抓握梯梁。

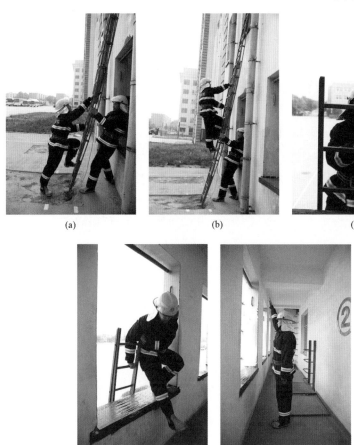

图 4-6 原地攀登 6m 拉梯动作要领

（六）成绩评定

计时从发出"开始"口令至操作人员双脚着二楼地面时止，具体评定标准见表 4-1。

表 4-1 原地攀登 6m 拉梯成绩评定标准

评定等级	优秀	良好	中等	及格	不及格
评定指标/s	$t < 4$	$4 \leqslant t < 4.5$	$4.5 \leqslant t < 5$	$5 \leqslant t < 5.5$	$t \geqslant 5.5$

（七）安全注意事项

① 双手不得同时离开梯蹬；

② 确保锁梯装置锁牢后，才能进行攀爬训练；

③ 拉梯底部要有人进行扶梯保护；

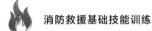
④ 拉梯架设好后，与地面的夹角为 75°左右；

⑤ 梯顶必须架设在窗框之内。

科目二　双人架设 6m 拉梯攀登训练塔

双人架设 6m 拉梯攀登训练塔是常训的登高科目，主要训练双人协同配合快速利用 6m 拉梯登高的能力。

（一）训练目的

通过训练，使参训人员掌握双人配合架设和攀登 6m 拉梯的方法。

（二）场地器材设置

在训练塔前长 32.25m、宽 2m 的跑道上标出起点线，距塔基 0.8～1.3m 处标出竖梯区。在起点线后平放 6m 两节拉梯 1 部，弓背向下，梯脚与起点线相齐，如图 4-7 所示。

图 4-7　双人架设 6m 拉梯攀登训练塔场地器材设置示意图

a—起点线；b～c—竖梯区；d—塔基线

（三）操作程序

参训人员在起点线一侧 3m 处站成一列横队。

听到"前两名，出列"的口令，操作人员答"是"，跑至拉梯一侧，面向拉梯，成立正姿势站好。

听到"准备器材"的口令，操作人员协同检查拉梯，调整好拉绳，将拉梯与训练塔对正，然后分别站在拉梯两端第 2、3 梯蹬处，由①号员（梯顶位置，下同）报告"准备完毕"。

听到"预备"口令，操作人员做好操作准备。

听到"开始"的口令，操作人员按持梯、运送拉梯、架设拉梯、攀登拉梯及进入窗口的动作顺序进行操作，待①号员攀登进入室内，双脚着地后，面向窗口举手喊"好"。

听到"收操"口令，②号员（梯脚位置，下同），与①号员协同降梯，然后肩扛梯跑步至起点线后将拉梯放回原处，立正站好，由①号员报告"操作完毕"。

听到"入列"口令，操作人员跑步入列。

（四）动作要领

1. 预备

①、②号员跨步向前，躯干前倾，两臂向下伸出，双手掌心相对，准备抓握拉梯两端 2、3 梯蹬，同时向训练塔方向转体 45°，前腿屈，后腿蹬，挺胸抬头，面向训练塔，做好起跑准备，如图 4-8（a）所示。

2. 肩梯前进

①、②号员同时抓握梯蹬，协力将拉梯抬起，右手臂插入第 2、3 梯蹬间，将拉梯扛在肩上，右手扶上梯梁，同时右脚跨步向前，步调一致跑向训练塔，如图 4-8（b）所示。

3. 拉梯下肩

操作人员跑至卸梯区时，由②号员下达"下肩、翻梯"的口令。②号员左手掌心向上，托握上梯脚，右臂顺势抽出，绕过上梯梁，再掌心向下抓握第 3 梯蹬，在①号员的配合下，将拉梯翻平；

①号员左手抓握梯绳，连同胸前第三梯蹬中部一起握住。右臂顺势抽出，抓握胸前第一梯蹬中部，在②号员的配合下，将拉梯翻平，并举过头顶，做好竖梯准备，如图 4-8（c）～（e）所示。

4. 竖起拉梯

到达竖梯区后，②号员将梯脚平行地插入竖梯区内，然后转身，准备扶梯。

①号员在②号员将梯脚插入竖梯区的同时，借助拉梯向前运动的惯性，双臂发力将拉梯向前上方推出，在②号员的配合下将拉梯竖起，左手顺梯绳下滑至头顶，右手向上抓握梯绳准备升梯，如图 4-8（f）～（h）所示。

5. 升梯靠梯

②号员双手扶住拉梯，使梯身保持竖直状态；①号员左手下拉梯绳的同时，右手尽量向拉绳上方抓住拉绳，左右手交替拉动梯绳，将上节梯升至第七梯蹬以

上，并将拉梯锁牢。

②号员待拉梯升至第七梯蹬并锁牢后，两臂用力向后拉动梯梁，将拉梯顶端架设在二层窗口内并扶稳，如图 4-8（i）所示。

图 4-8　双人架设 6m 拉梯攀登训练塔动作要领

6. 攀登拉梯与进入窗口

当拉梯架设好后，①号员按照原地攀登 6m 拉梯的动作方法，沿拉梯攀登进入二楼窗口内，双脚着地，面向窗外喊"好"。

（五）操作要求

① 拉梯必须在梯脚进入卸梯区后方可脱肩；

② 扶梯保护时，严禁双手伸入梯蹬内；

③ 拉绳时，双手不准同时脱手，防止内梯突然滑落；

④ 拉梯梯脚超出竖梯区或架在窗框外严禁攀登。

（六）成绩评定

计时从发出"开始"口令至①号员双脚着二楼地面时止，具体评定标准见表 4-2。

表 4-2 双人架设 6m 拉梯攀登训练塔成绩评定标准

评定等级	优秀	良好	中等	及格	不及格
评定指标/s	$t<13$	$13\leq t<14$	$14\leq t<15$	$15\leq t<16$	$t\geq16$

（七）安全注意事项

攀登拉梯人员，要确保上节梯锁牢后，才能进行攀登。

第三节

登高延伸技能实训科目

科目一 单人架设 6m 拉梯攀登训练塔

（一）训练目的

通过训练，使参训人员掌握单人架设 6m 拉梯并进行登高的方法。

（二）场地器材设置

在训练塔前 15m 处标出起点线，0.8～1.3m 处标出架梯区，10m 处标出卸梯区，如图 4-9 所示。起点线上放置 6m 拉梯 1 部，梯脚向前，梯梁一侧着地，第五梯蹬与起点线相齐，竖梯区设有 1 名保护人员。

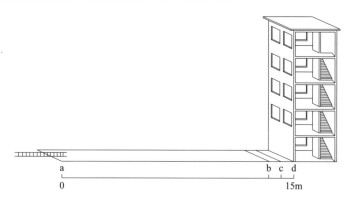

图 4-9　单人架设 6m 拉梯攀登训练塔场地器材设置示意图

a—起点线；b～c—竖梯区；d—塔基线

（三）操作程序

参训人员在起点线一侧 3m 处站成一列横队。

听到"第一名，出列"的口令，操作人员答"是"，跑至起点线成立正姿势。

听到"准备器材"的口令，操作人员做好操作准备。

听到"预备"的口令，操作人员做好操作准备。

听到"开始"的口令，操作人员按照预备、拉梯上肩、肩梯前进、拉梯下肩、翻梯过顶、插梯竖梯、升梯锁梯、攀爬拉梯的顺序进行操作。

听到"收操"的口令，操作人员从训练塔上下来，立正站好。

听到"入列"的口令，操作人员跑步入列。

（四）动作要领

1. 预备

操作人员在梯身一侧成弓步弯腰姿势，做好操作准备，如图 4-10（a）所示。

2. 拉梯上肩

操作人员右臂伸入第六、七梯蹬之间，左手握第五梯蹬，双手合力将拉梯置于右肩之上，如图 4-10（b）所示。

3. 肩梯前进

操作人员右手扶握上侧梯梁，跑向卸梯区，如图 4-10（b）所示。

4. 拉梯下肩

操作人员扛梯跑至距离训练塔约 8m 处时，左手连同拉绳一起，抓握第五梯蹬，右手顺势从梯蹬之间抽出，并抓握第八梯蹬，如图 4-10（c）所示。

5. 翻梯过顶

操作人员双手合力将拉梯翻平，举过头顶，如图 4-10（c）所示。

6. 插梯竖梯（推梯）

操作人员跑至临近竖梯区时，将梯脚插入竖梯区内，双手顺势轻推拉梯，使拉梯竖起。等候的保护人员协助扶梯，如图 4-10（d）所示。

7. 升梯锁梯

操作人员将拉梯竖起后，在保护人员的扶梯协助下，将拉梯升至第七梯蹬以上，待锁梯装置锁牢后，将拉梯靠在窗口之上，如图 4-10（e）所示。

图 4-10

(e)

图 4-10   单人架设 6m 拉梯攀登训练塔动作要领

8. 攀爬拉梯

待拉梯靠在窗口上之后，操作人员沿拉梯攀爬至二楼窗台，进入楼内，喊"好"。

（五）操作要求

① 拉梯必须在梯脚进入卸梯区后方可脱肩；
② 拉梯必须架设在窗口内，并且锁牢后，才能攀登；
③ 拉绳升梯时，双手不得同时离开拉绳，防止内梯滑落。

（六）成绩评定

计时从发出"开始"口令至操作人员双脚着二楼地面时止，具体评定标准见表 4-3。

表 4-3   单人架设 6m 拉梯攀登训练塔成绩评定标准

评定等级	优秀	良好	中等	及格	不及格
评定指标/s	$t<12$	$12\leqslant t<13$	$13\leqslant t<14$	$14\leqslant t<15$	$t\geqslant15$

（七）安全注意事项

① 操作人员应肩扛拉梯中心位置，以确保拉梯平衡；
② 操作人员应在拉梯架设稳固后，再进行攀登操作。

科目二   单人架设单杠梯攀登高墙

（一）训练目的

通过训练，使操作人员掌握单杠梯的架设与攀登方法。

（二）场地器材设置

在长 15m、宽 2m 的训练场上标出起点线和终点线，终点线上设置 3m 高板障（模拟高墙）1 块，距终点线 0.5～1m 处标出架梯区。并安排 1 名保护人员。在起点线上平放单杠梯 1 部，单杠梯一端与起点线相齐，如图 4-11 所示。

图 4-11 单人架设单杠梯攀登高墙场地器材设置示意图
a—起点线；b—高板障

（三）操作程序

参训人员在起点线一侧 3m 处站成一列横队。

听到"第一名，出列"的口令，操作人员答"是"，跑至起点线成立正姿势。

听到"准备器材"的口令，操作人员检查器材，做好器材准备。

听到"预备"的口令，操作人员做好操作准备。

听到"开始"的口令，操作人员按照持梯、运梯、架梯、爬梯的顺序进行分工操作，爬至上部第三蹬后，举手喊"好"。

听到"收操"的口令，操作人员从单杠梯上下来，立正站好。

听到"入列"的口令，操作人员跑步入列。

（四）动作要领

1. 持梯

操作人员双手持梯中部，将单杠梯放于肩上，如图 4-12（a）所示。

2. 运梯

操作人员肩扛单杠梯，保持梯身平衡，跑向高板障，如图 4-12（b）所示。

3. 架梯（竖梯）

临近架梯区后，操作人员从肩上卸下单杠梯，并将其打开，将一端插入竖梯区内，将单杠梯架设在高板障上，如图 4-12（c）所示。

4. 爬梯

在保护人员扶梯的情况下，操作人员沿单杠梯逐级攀登至梯顶第三蹬，举手喊"好"，如图 4-12（d）所示。

(a)

(b)

(c)

(d)

图 4-12　单人架设单杠梯攀登高墙动作要领

（五）操作要求

① 单杠梯架设好后，要在保护人员扶梯的情况下，操作人员才能开始爬梯；

② 操作人员应逐级攀登单杠梯。

（六）成绩评定

计时从发出"开始"口令至操作人员攀登至梯顶第三梯蹬举手喊"好"止，具体评定标准见表 4-4。

表 4-4 单人架设单杠梯攀登高墙成绩评定标准

评定等级	优秀	良好	中等	及格	不及格
评定指标/s	$t<11$	$11 \leqslant t<12$	$12 \leqslant t<13$	$13 \leqslant t<14$	$t \geqslant 14$

（七）安全注意事项

操作人员应在保护人员扶稳单杠梯后，再进行攀登操作。

第五章　破拆技能训练

破拆技能，是指消防员在消防救援现场，根据战术任务的需要，利用各类破拆器材对现场多种障碍物实施的剪断、切削、扩张、顶撑、撬拨等操作，以达到开辟救援通道、拓展救援空间、排除救援危险为目的的专项技能。

破拆技能训练的主要目的是使参训人员了解常用破拆器材的性能、用途，掌握其操作要领和操作注意事项而开展的专项技能训练。

第一节

常用破拆器材简介

破拆器材，是指消防员在灭火与应急救援过程中，为达到开辟进攻灭火、疏散救人、转移物资等目的而强行开启门窗、拆毁建筑物时使用的专业技术装备。破拆器材根据动力驱动方式的不同可分为液压、机动、电动、气动、手动等不同类别，且每种破拆器材都具有其相应的适用对象和范围。

一、液压破拆器材

液压破拆器材，是指以液压作为主要动力形式的破拆器材，通常由动力源、油管和实现不同破拆功能的工作端三部分组成。动力源主要有机动液压泵和手动液压泵。油管通常有一根出油管和一根回油管。工作端主要有剪切器、扩张器、剪扩器（多功能钳）、开门器等。

液压破拆器材适用的标准为《液压破拆工具通用技术条件》（GB/T 17906—1999）。与机动破拆工具相比，液压破拆工具的最大优势在于破拆过程中基本没有火花，凭借这一优势，液压破拆工具在交通事故救援发挥着不可替代的作用。

（一）机动液压泵

机动液压泵是一种常用的液压动力源，主要由小型汽油发动机、液压泵和抬架构成，如图 5-1 所示。机动液压泵具有高、低两级压力输出，高压输出压力≥63MPa，低压输出压力≥10MPa，在实际破拆过程中，能根据外部负载的变化自动转变高、低压输出压力。低压工作时，输出流量大，使配套工作端在空载时快速开合，节省时间。在配套工作端负载工作时，则自动转换为高压工作，提高工作效率。机动液压泵配有专用油管，通常能够连接 1～2 个工作端，以便在救援现场中配合使用，如图 5-2 所示。

图 5-1　机动液压泵

图 5-2　油管

（二）手动液压泵

手动液压泵也是一种常用的液压动力源，与机动液压泵相比，具有体积小、重量轻、便于携带的特点，由人工按压操作，不受油品供应的限制，使用更加便捷灵活，如图 5-3 所示。

（三）液压剪切器

液压剪切器是一种剪切圆钢、型材及线缆等金属或非金属结构障碍物，从而开辟救援通道的专用器材。主要由剪切刀片、握持手柄、控制开关、油缸、油管接口等部分构成，如图 5-4 所示。

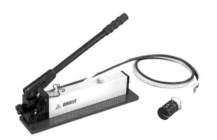

图 5-3　手动液压泵

图 5-4　液压剪切器

（四）液压扩张器

液压扩张器是一种集扩张、挤压和牵拉等功能于一体，用于扩张分离、挤压牵拉金属及非金属结构障碍物，从而开辟救援通道的专用器材。主要由扩张臂、握持手柄、控制开关、油缸、油管接口等部分构成，如图 5-5 所示。

（五）液压剪扩器（多功能钳）

液压剪扩器是一种兼具剪切器和扩张器的功能救援功能工具，能够剪切或扩张金属及非金属结构障碍物，从而开辟救援通道。主要由刀片、握持手柄、控制开关、油缸、油管接口等部分构成，如图 5-6 所示。

图 5-5　液压扩张器

图 5-6　液压剪扩器

（六）液压撑顶器

液压撑顶器是一种专门用于顶开或支撑起金属及非金属结构障碍物，开辟救援通道的专用工具，主要由伸出活塞杆（含延长杆）、油缸、控制开关、油管接口等部分构成，如图 5-7 所示。

与液压扩张器相比，撑顶器可以实现更长距离的扩张，但由于撑顶器具有一定的闭合长度，所以实际使用液压撑顶器时，通常先有液压扩张器扩张到一定距离后，再使用撑顶器进一步扩张。

（七）液压万向剪切器

液压万向剪切器是一种专用抢险救援工具，它具有体积小巧、刀头可以任意改变方向的特点，适合于在狭小空间内破拆金属结构，开辟救生通道，解救被困人员，如图 5-8 所示。

图 5-7　液压撑顶器　　　　　图 5-8　液压万向剪切器

二、机动破拆器材

机动破拆器材，是指以小型汽油发动机为动力的破拆器材，通常用于在灾害、事故救援现场对金属、混凝土、砖木等结构障碍物进行破拆操作，以开辟救援通道。常见的机动破拆器材主要有无齿锯、机动链锯、混凝土切割器、凿岩机等。

机动破拆器材通常采用小型二冲程汽油发动机作为动力，二冲程发动机的特殊结构决定了其润滑方式与四冲程发动的不同。二冲程发动机通常采用燃料预混的方式进行润滑，即将机油按照一定比例添加到汽油中，混合后作为燃料使用。

（一）无齿锯

无齿锯也称动力锯、砂轮切割机，主要用于切割钢材和其他硬材料及混凝土结构。无齿锯主要由机体、砂轮切割片、握持手柄等组成，如图 5-9 所示。在实际切割破拆时，应根据实际情况选择安装切割金属或混凝土的切割片，在切割混凝土时还需连接水管，进行降温和降尘。

（二）机动链锯

机动链锯主要用于切割各类木质结构的障碍物，主要由机体、链条、导板、制动手柄等组成，如图 5-10 所示。

图 5-9　无齿锯　　　　　　　图 5-10　机动链锯

（三）混凝土切割器

混凝土切割器主要用于切割混凝土、石材等结构障碍物，主要由机体、两冲程汽油机、链条、导板等组成，如图 5-11 所示。

（四）凿岩机

凿岩机主要用于破碎混凝土、砖石结构障碍物，主要由两冲程汽油机、握持手柄、凿具等组成，如图 5-12 所示。

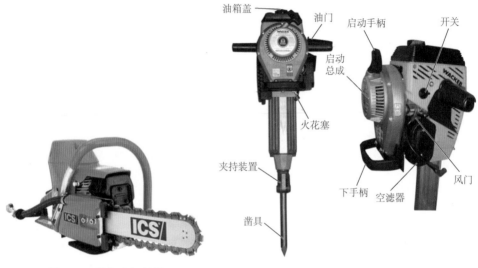

图 5-11　混凝土切割器　　　　　图 5-12　凿岩机

三、电动破拆器材

电动破拆器材，是指以市电或电池为动力来源的破拆器材。常见的电动破拆器材有电动双轮异向切割器、钢筋速断器、电动往复锯等。

（一）电动双轮异向切割器

传统理念上的切割实际上是用硬的物质来磨削软的材料，所以会产生大量的热量、冲击、震动、形变等，切割速度慢。电动双轮异向切割器的工作原理是同一台机器上安装了两张相同直径的锯片，两张锯片以相同的速度反方向旋转，就像剪刀一样可以在任何角度、任何方向工作，如图 5-13 所示。它具有切割速度快，切口平整的优点。该器材有两种规定转速，分别适应不同材质的障碍物体，1900r/min 适合切割较硬材料，如钢材、钢管、电缆等；2900r/min 适合切割低硬度材料，如铝材、木材、墙板、塑料等。

（二）钢筋速断器

钢筋速断器是一种专门用于在灾害事故救援现场剪断钢筋的器材，它以电池作为动力，可以切断直径 15mm 以下圆钢，具有轻便、快速、高效的优点，如图 5-14 所示。

图 5-13　电动双轮异向切割器　　　　　　图 5-14　钢筋速断器

（三）电动往复锯

电动往复锯是交通事故救援中经常用于切割汽车玻璃的破拆工具，也可以切割其他厚度、硬度不高的物体，如图 5-15 所示。

图 5-15　电动往复锯

四、气动破拆器材

气动破拆器材，是指以高压空气作为动力的破拆工具，如气动破拆刀，其基本的结构主要包括高压气瓶、减压调压器、气管和破拆工作头组成，可以对防盗门、卷帘门等障碍物进行破拆，如图 5-16 所示。

五、手动破拆器材

手动破拆器材，是指不借助其他动力形式，主要依靠人力操作而实现撬、

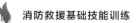

凿、顶、砍等功能的破拆工具，如铁铤、腰斧、哈里根工具（图 5-17）等。

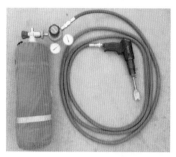

图 5-16　气动破拆刀

图 5-17　哈里根工具

第二节

液压破拆技能实训科目

科目一　操作液压剪切器剪切钢筋、钢管

（一）训练目的

通过训练，使参训人员学会液压破拆器材的连接方法，掌握剪切动作要领，为参加灭火与应急救援实战奠定技能基础。

（二）场地器材设置

在平整的训练场地上标出起点线，在起点线前 1m 标出器材线，4～6m 处标出操作区，如图 5-18 所示。器材线上放置液压剪切器、油管和机动液压泵 1 套。操作区内设置破拆模拟操作平台 1 个，固定好钢筋和钢管。

图 5-18　操作液压剪切器剪切钢筋、钢管场地器材设置示意图

a—起点线；b—器材线；c～d—操作区

（三）操作程序

参训人员在起点线一侧 3m 处站成一列横队。

听到"前两名，出列"的口令，操作人员答"是"，跑步至起点线成立正姿势。

听到"准备器材"的口令，操作人员整理、检查所用的器材，做好器材准备。

听到"预备"的口令，操作人员做好操作准备。

听到"开始"的口令，操作人员按照连接器材、启动机动液压泵、剪切操作、操作完毕、收整器材的顺序进行操作，操作完毕后，举手喊"好"示意。

听到"收操"的口令，操作人员将器材恢复原位，成立正姿势。

听到"入列"的口令，操作人员跑步入列。

（四）动作要领

1. 连接器材

①号员连接剪切器与油管的接口并连接好防尘帽，②号员连接机动液压泵和油管的接口并连接好防尘帽，如图 5-19 所示。

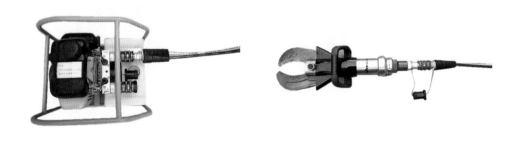

（a）　　　　　　　　　　　　　　　　（b）

图 5-19　液压破拆器材连接动作要领

2. 启动机动液压泵

①号员持剪切器至操作平台做好操作准备，②号员先确认泄压阀处于泄压状态。然后按照打开油路开关、关闭风门（仅在冷机启动时）、打开停机开关、稍开油门、拉绳启动的程序启动机动液压泵，再关闭泄压阀，同时向①号员发出"好"的指令，并打开风门，加大油门，如图 5-20 所示。

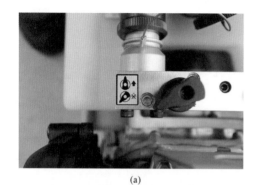

(a)

(b)

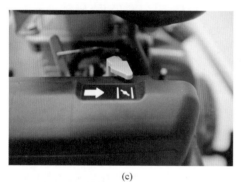

(c)

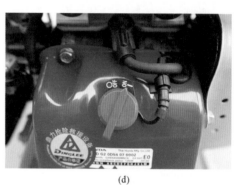

(d)

(e)

(f)

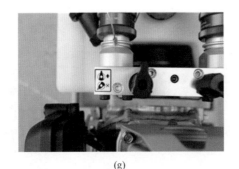

(g)

图 5-20 启动机动液压泵动作要领

3. 剪切操作

①号员听到"好"的指令后，控制好器材，开始进行剪切操作。先剪切 20mm 直径的钢筋，再剪切 50mm 直径的钢管，如图 5-21（a）、（b）所示。剪切操作完成后，将剪切器尖端打开约 2cm，如图 5-21（c）所示。

4. 操作完毕

①号员剪切操作完毕后，将剪切器尖端恢复成保存状态，然后向②号员发出"泄压"指令，②号员泄压后，减小油门，关闭机动液压泵，举手示意喊好，如图 5-21（d）所示。

5. 收整器材

机动液压泵停机后，①、②号员分别断开剪切器和机动液压泵的接口，将器材重新放回器材线上。

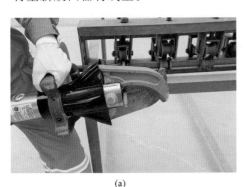

(a)

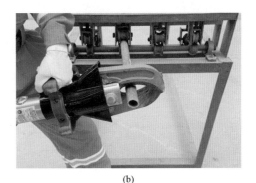

(b)

图 5-21

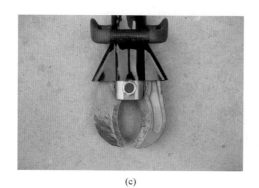

(c)　　　　　　　　　　　　(d)

图 5-21　剪切钢筋、钢管操作动作要领

（五）操作要求

① 一定要管理好防尘帽，在完成操作时，要检查防尘帽内是否有沙粒等杂物，再将防尘帽盖入接口内；

② 被剪切的钢筋和钢管应固定好；

③ 用刀片根部进行剪切。

（六）成绩评定

操作人员个人防护措施到位，器材使用符合操作规程要求，破拆动作顺畅连贯，破拆效果良好为合格。

（七）安全注意事项

防止剪切产生的锐利尖口，以及掉落的尖锐碎屑伤人。

科目二　操作液压扩张器模拟扩张

（一）训练目的

通过训练，使参训人员学会液压破拆器材的连接方法，掌握扩张动作要领，为参加灭火与应急救援实战奠定技能基础。

（二）场地器材设置

在平整的训练场地上标出起点线，在起点线前 1m 标出器材线，4～6m 处标出操作区，参见图 5-18 操作液压剪切器剪切钢筋、钢管场地器材设置示意图。

在器材线上放置液压扩张器、油管和机动液压泵1套。操作区内设置扩张模拟操作平台1个。

（三）操作程序

操作人员在起点线一侧3m处站成一列横队。

听到"前两名，出列"的口令，操作人员答"是"，跑步至起点线成立正姿势。

听到"准备器材"的口令，操作人员整理、检查所用的器材，做好器材准备。

听到"预备"的口令，操作人员做好操作准备。

听到"开始"的口令，操作人员按照连接器材、启动机动液压泵、扩张操作、操作完毕、收整器材的顺序进行操作，操作完毕后，举手喊"好"示意。

听到"收操"的口令，操作人员将器材恢复原位，成立正姿势。

听到"入列"的口令，操作人员跑步入列。

（四）动作要领

1. 连接器材

①号员连接扩张器与油管的接口并连接好防尘帽，②号员连接机动液压泵和油管的接口并连接好防尘帽。

2. 启动机动液压泵

①号员持扩张器至模拟操作平台做好操作准备，②号员启动机动液压泵，关闭泄压阀，同时向①号员发出"好"的指令，并加大油门。

3. 扩张操作

①号员听到"好"的指令后，控制好器材，开始进行扩张操作。先将扩张器尖端插入小缝隙中，如图5-22（a）所示。扩张到一定程度后，将小木块插入缝隙中，如图5-22（b）所示。调整扩张器，继续扩张，再将大木块插入大缝隙中，如图5-22（c）所示。最后再按照相反的顺序操作，将木块从模拟平台中取出。

4. 操作完毕

①号员扩张操作完毕后，将扩张器尖端恢复成保存状态，如图5-22（d）所

示。然后向②号员发出"泄压"指令，②号员泄压后，减小油门，关闭机动液压泵，举手喊"好"示意，如图 5-22（e）所示。

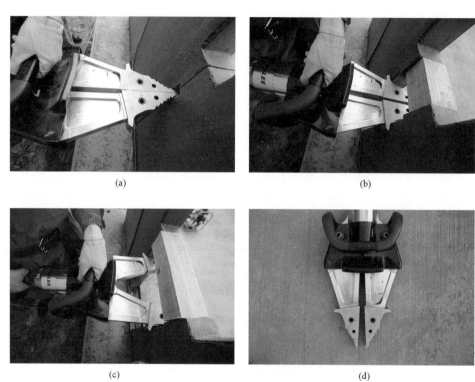

(a)　　　　　　　　　　　　　　(b)

(c)　　　　　　　　　　　　　　(d)

(e)

图 5-22　模拟扩张操作动作要领

5. 收整器材

机动液压泵停机后，①、②号员分别断开扩张器和机动液压泵的接口，将器材重新放回器材线上。

（五）操作要求

一定要管理好防尘帽，在完成操作时，要检查防尘帽内是否有沙粒等杂物，再将防尘帽盖入接口内。

（六）成绩评定

操作人员个人防护措施到位，器材使用符合操作规程要求，破拆动作顺畅连贯，破拆效果良好为合格。

（七）安全注意事项

① 扩张器不能作为支撑器材长时间使用；
② 应尽量让扩张臂凹窝处受力，防止受力面积过小而发生滑脱。

科目三 操作液压多功能钳剪切铁板

（一）训练目的

通过训练，使参训人员学会液压破拆器材的连接方法，掌握剪切板材动作要领，为参加灭火与应急救援实战奠定技能基础。

（二）场地器材设置

在平整的训练场地上标出起点线，在起点线前 1m 标出器材线，4～6m 处标出操作区，参见图 5-18 操作液压剪切器剪切钢筋、钢管场地器材设置示意图。在器材线上放置液压多功能钳、油管和机动液压泵 1 套。操作区内设置破拆模拟操作平台 1 个，固定好钢板 1 块。

（三）操作程序

参训人员在起点线一侧 3m 处站成一列横队。

听到"前两名，出列"的口令，操作人员答"是"，跑步至起点线成立正姿势。

听到"准备器材"的口令，操作人员整理、检查所用的器材，做好器材准备。

听到"预备"的口令，操作人员做好操作准备。

听到"开始"的口令，操作人员按照连接器材、启动机动液压泵、剪切操作、操作完毕、收整器材的顺序进行操作，操作完毕后，举手喊"好"示意。

听到"收操"的口令，操作人员将器材恢复原位，成立正姿势。

听到"入列"的口令，操作人员跑步入列。

（四）动作要领

1. 连接器材

①号员连接多功能钳与油管的接口并连接好防尘帽，②号员连接机动液压泵和油管的接口并连接好防尘帽。

2. 启动机动液压泵

①号员持多功能钳至操作平台做好操作准备，②号员启动机动液压泵，关闭泄压阀，同时向①号员发出"好"的指令，并加大油门。

3. 剪切操作

①号员听到"好"的指令后，控制好器材，开始进行剪切板材操作，如图5-23（a）所示。剪切完毕后，将多功能钳尖端打开约2cm，然后操作人员举手喊好示意，如图5-23（b）所示。

(a)   (b)

图 5-23　剪切铁板操作动作要领

4. 操作完毕

①号员剪切操作完毕后，将多功能钳尖端恢复成保存状态，然后向②号员发出"泄压"指令，②号员泄压后，减小油门，关闭机动液压泵。

5. 收整器材

机动液压泵停机后，①、②号员分别断开多功能钳和机动液压泵的接口，将器材重新放回器材线上。

（五）操作要求

一定要管理好防尘帽，在完成操作时，要检查防尘帽内是否有沙粒等杂物，再将防尘帽盖入接口内。

（六）成绩评定

操作人员个人防护措施到位，器材使用符合操作规程要求，破拆动作顺畅连贯，破拆效果良好为合格。

（七）安全注意事项

破拆作业时，锯片、刀口等应垂直于被切割物体，并尽量保证被切割物体固定不动。

第三节

机动破拆技能实训科目

科目一 操作无齿锯切割钢筋

（一）训练目的

通过训练，使参训人员学会机动破拆工具的启动方法，掌握切割破拆金属结构障碍物的动作要领，为参加灭火与应急救援实战奠定技能基础。

（二）场地器材设置

在平整的训练场地上标出起点线，在起点线前 1m 标出器材线，4～6m 处标出操作区，参见图 5-18 操作液压剪切器剪切钢筋、钢管场地器材设置示意图。在器材线上放置无齿锯 1 台。操作区内设置破拆模拟操作平台 1 个，操作平台上固定好钢筋。

（三）操作程序

参训人员在起点线一侧 3m 处站成一列横队。

听到"第一名，出列"的口令，操作人员答"是"，跑步至起点线成立正姿势。

听到"准备器材"的口令，操作人员整理、检查所用的器材，做好器材准备。

听到"开始"的口令，操作人员按照启动汽油机、做好基本握持动作、切割操作、操作完毕的顺序进行操作，操作完毕后，举手喊"好"示意。

听到"收操"的口令，操作人员将器材恢复原位，成立正姿势。

听到"入列"的口令，操作人员跑步入列。

（四）动作要领

1. 启动无齿锯

操作人员按照图 5-24 所示的步骤，将无齿锯启动。

2. 基本握持动作

操作人员弓步站立，将无齿锯后手柄贴于髋部，确保控制住器材。

图 5-24　启动无齿锯

3. 切割操作

操作人员握持好器材后，按压油门，将锯片转速提高，然后对准切割部位，进行切割操作，如图 5-25（a）所示。

4. 切割完毕

切割完毕后，操作人员按照减小油门、关闭停机开关的顺序停机，举手示意喊"好"，如图 5-25（b）所示。

(a)   (b)

图 5-25 切割钢筋操作动作要领

（五）操作要求

① 发动机器时，拉绳要平稳、迅速，不宜用力过猛；

② 切割物体时，必须沿着砂轮片旋转的方向运动，不能歪斜，且垂直切割时，不能用力压锯片；

③ 在无荷载的情况下，发动机不得长时间高速转动；

④ 运行期间，严禁触摸消声器；

⑤ 切割片安装要牢固，切割时，在半径 15m 内不得有非操作人员；

⑥ 操作时，必须做好个人防护，戴好手套，并将盔罩拉下。

（六）成绩评定

操作人员个人防护措施到位，器材使用符合操作规程要求，破拆动作顺畅连贯，破拆效果良好为合格。

（七）安全注意事项

① 破拆作业时，锯片、刀口等应垂直于被切割物体，并尽量保证被切割物体固定不动；

② 破拆过程中要保持平稳。一方面保持被破拆对象的稳定，防止滑动可能造成对被困人员的伤害；另一方面要尽量保持破拆工具本身的稳定，防止工具损坏，尤其是在"不顺手"体位（例如高举起工具）或站在高处，脚下不稳定时候（例如站在消防梯上）；

③ 机器启动后，切割片不得触地。

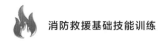

科目二 操作机动链锯切割木方

（一）训练目的

通过训练，使参训人员学会机动链锯的启动方法，掌握切割木质结构障碍物的动作要领，为参加灭火与应急救援实战奠定技能基础。

（二）场地器材设置

在平整的训练场地上标出起点线，在起点线前 1m 标出器材线，4～6m 处标出操作区，参见图 5-18 操作液压剪切器剪切钢筋、钢管场地器材设置示意图。在器材线上放置机动链锯 1 台。操作区内设置破拆模拟操作平台 1 个，固定好木方。

（三）操作程序

参训人员在起点线一侧 3m 处站成一列横队。

听到"第一名，出列"的口令，操作人员答"是"，跑步至起点线成立正姿势。

听到"准备器材"的口令，操作人员整理，检查所用的器材，做好器材准备。

听到"预备"的口令，操作人员做好操作准备。

听到"开始"的口令，操作人员按照启动汽油机、做好基本握持动作、切割操作、操作完毕的顺序进行操作，操作完毕后，举手喊"好"示意。

听到"收操"的口令，操作人员将器材恢复原位，成立正姿势。

听到"入列"的口令，操作人员跑步入列。

（四）动作要领

1. 启动机动链锯

操作人员先确认机动链锯的制动手柄处于制动位置，然后按照图5-26 所示的步骤，将机动链锯启动。

2. 基本握持技能

操作人员弓步站立，将机动链锯后手柄贴于髋部，确保控制住器材。

图 5-26 启动机动链锯

3. 切割木材操作

操作人员将制动手柄打开，开始进行木方切割操作，如图 5-27（a）所示。

4. 切割完毕

切割完毕后，操作人员首先按下制动手柄，使之处于制动状态，再按照停机的顺序停机，举手喊"好"示意，如图 5-27（b）所示。

(a)　　　　　　　　　　　　　　　(b)

图 5-27　切割木材操作动作要领

（五）操作要求

① 切割木质结构障碍物前，要检查木头内是否有钢钉等物体；

② 发动机器时，要先固定好器材，拉绳要有力、迅速；

③ 在无荷载的情况下，严禁机器高速运转；

④ 实际应用时，严禁触摸消声器；

⑤ 实际应用时，两手应紧握前后手柄，扣下油门扳机使锯链高速转动，锯齿切刃必须垂直于被切物体；

⑥ 链条的松紧度不宜过紧或过松；

⑦ 使用链锯要注意导板反弹区的反弹作用；

⑧ 操作时，必须做好个人防护。

（六）成绩评定

操作人员个人防护措施到位，器材使用符合操作规程要求，破拆动作顺畅连贯，破拆效果良好为合格。

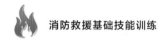

（七）安全注意事项

破拆作业时，锯片、刀口等应垂直于被切割物体，并尽量保证被切割物体固定。

科目三 操作混凝土切割器切割混凝土预制板

（一）训练目的

通过训练，使参训人员学会机动破拆工具的启动方法，掌握切割混凝土结构障碍物的动作要领，为参加灭火与应急救援实战奠定技能基础。

（二）场地器材设置

在平整的训练场地上标出起点线，在起点线前 1m 标出器材线，4～6m 处标出操作区，参见图 5-18 操作液压剪切器剪切钢筋、钢管场地器材设置示意图。在器材线上放置混凝土切割器一台。操作区内设置破拆模拟操作平台 1 个，平台上固定好混凝土预制板。

（三）操作程序

参训人员在起点线一侧 3m 处站成一列横队。

听到"第一名，出列"的口令，操作人员答"是"，跑至起点线处成立正姿势。

听到"准备器材"的口令，操作人员整理、检查所用的器材，做好器材准备。

听到"预备"的口令，操作人员做好操作准备。

听到"开始"的口令，操作人员按照启动汽油机、做好基本握持动作、切割操作、操作完毕的顺序进行操作，操作完毕后，举手喊"好"示意。

听到"收操"的口令，操作人员将器材恢复原位，成立正姿势。

听到"入列"的口令，操作人员跑步入列。

（四）动作要领

1. 启动混凝土切割器

操作人员按照混凝土切割器的启动步骤，将混凝土切割器启动。

2. 基本握持动作

操作人员弓步站立，将混凝土切割器后手柄贴于髋部，确保控制住器材。

3. 切割操作

操作人员将开始进行混凝土预制板切割操作，如图 5-28（a）所示。

4. 切割完毕

切割完毕后，操作人员按照停机的步骤停机，举手示意喊"好"，如图 5-28（b）所示。

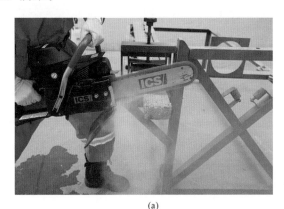 

(a) (b)

图 5-28 切割混凝土预制板操作动作要领

（五）操作要求

切割混凝土预制板时，应连接水管出水进行降温和降尘保护。

（六）成绩评定

操作人员个人防护措施到位，器材使用符合操作规程要求，破拆动作顺畅连贯，破拆效果良好为合格。

（七）安全注意事项

破拆作业时，锯片、刀口等应垂直于被切割物体，并尽量保证被切割物体固定不动。

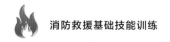

科目四 操作凿岩机破拆混凝土预制板

（一）训练目的

通过训练，使参训人员学会机动破拆工具的启动方法，掌握破拆混凝土结构障碍物的动作要领，为参加灭火与应急救援实战奠定技能基础。

（二）场地器材设置

在平整的训练场地上标出起点线，在起点线前 1m 标出器材线，4~6m 处标出操作区，参见图 5-18 操作液压剪切器剪切钢筋、钢管场地器材设置示意图。在器材线上放置凿岩机 1 台。操作区内混凝土预制板 1 块。

（三）操作程序

参训人员在起点线一侧 3m 处站成一列横队。

听到"前两名，出列"的口令，操作人员答"是"，跑步至起点线处成立正姿势。

听到"准备器材"的口令，操作人员检查所用器材，完毕后返回原位，立正站好。

听到"预备"的口令，操作人员做好操作准备。

听到"开始"的口令，操作人员在按照启动汽油机、破拆操作、操作完毕的顺序进行操作，操作完毕后，举手示意喊"好"。

听到"入列"的口令，操作人员跑步入列。

（四）动作要领

1. 启动凿岩机

两名操作人员将所需要的凿头安装在器材上，两人配合将器材立放起来，一人扶住器材，一人拉绳启动凿岩机。

2. 破碎操作

操作人员相互配合，完成破碎混凝土预制板操作，如图 5-29（a）所示。

3. 操作完毕

破碎操作完毕后，操作人员关闭器材，举手示意喊"好"，如图 5-29（b）所示。

(a)   (b)

图 5-29　破拆混凝土预制板操作动作要领

（五）操作要求

① 凿岩机工作时，操作人员的双手应握紧操作手柄；

② 破碎操作时，应从被破拆物体的边沿开始。

（六）成绩评定

操作人员个人防护措施到位，器材使用符合操作规程要求，破拆动作顺畅连贯，破拆效果良好为合格。

（七）安全注意事项

① 操作区域周围不应有人，防止破拆产生的迸溅物体飞溅伤人；

② 破拆操作前，首先要找好操作人员的立足点，脚下站稳后，再进行破拆操作；

③ 在封闭地区、隧道、水平坑道和深沟处使用凿岩机时应确保有足够的新鲜空气；

④ 操作时必须穿戴符合安全规定的安全防护装备。

第六章 排烟、照明技能训练

06

排烟技能，是指消防员在消防救援现场为提高火场能见度、降低高温有毒烟气危害和排除爆炸性混合气体，利用排烟器材排除因燃烧而产生的高温烟气的专项技能。照明技能，是指消防员在消防救援现场为保持消防救援现场足够的能见度，便于疏散人员和展开战斗行动，利用照明器材实施应急照明的专项技能。在消防救援现场，排烟和照明都是保障性的战斗行动，对于提高消防救援工作安全性和工作效率具有重要作用，二者协同实施，往往会起到更好的救援效果。

排烟、照明技能训练的主要目的是使参训人员了解常用排烟、照明器材的性能用途、掌握其操作要领和操作注意事项而开展的专项技能训练。

第一节

常用排烟、照明器材简介

排烟器材，是指在灭火与应急救援过程中，为把发生火灾的建筑物内的热空气、烟及其他燃烧气体或受限空间内的废气、有毒有害气体排除的机械工具。根据动力来源，分为内燃机驱动、水力驱动和电驱动三类，可根据灾害现场具体情况来选用。

照明器材，是指在灭火与应急救援现场，为消防员和被困人员提供照明的工具。根据器材大小和照明范围分为随身、移动、车载三类，均为用电设备。

一、正压式排烟机

正压式排烟机是将排烟扇与轻型发动机组合为一体，采用正压式送风方式，进行火场排烟的一种消防车载移动式排烟装备。正压式排烟机具有体积小、重量轻、排烟量大、便于搬运、机动灵活的特点，可用于火场排除烟雾和有毒气体、火情侦察并协助搜寻被困人员、控制火势蔓延、缺氧情况下进行送风。

（一）结构组成

以 MT236 型正压式排烟机为例，它主要由发动机、排烟机及支架三大部分组成，如图 6-1 所示。

图 6-1　MT236 正压式排烟机

1. 发动机

该型排烟机动力为本田四冲程汽油发动机，由发动机主体、启动发动机转轮、油箱、润滑油箱、空滤、化油器、风门、油路开关、油门、点火开关和消声器等部件组成。

2. 排烟机

排烟机由风扇罩和风扇组成。

3. 支架

支架由倾角调整器、支撑架、折叠手柄和滚轮组成，用于排烟机的角度调整、搬运和吊升。

（二）工作原理

正压式排烟机是以汽油发动机为动力，在上风口方向设置，启动发动机后通过转轴带动风扇旋转，产生正压式吹风，将浓烟和有毒气体驱赶至下风口排出的排烟机。

（三）技术性能参数

MT236 型正压式排烟机的技术参数见表 6-1。

表 6-1　MT236 型正压式排烟机技术性能参数

科目	技术参数
发动机额定转速	2900r/min
最大排风量	9000m^3/h
油箱容积（92 号以上汽油）	1.4L

二、水驱动排烟机

水驱动排烟机是利用高压水作动力，驱动水轮机运转，带动风扇排烟，具有防爆功能。主要用于有进风口和出风口的火场建筑物，利用排烟机的正压，把新鲜空气通过建筑物进风口吹进建筑物内，把烟雾从建筑物内吹出，消除火场烟雾，使消防员能够进入建筑物内的火场进行灭火；也可用于有毒有害气体泄漏现场进行驱赶气体或改变气体扩散方向。

（一）结构组成

以 WF390 型水驱动排烟机为例，它主要由风扇、风扇罩、水动马达、进水口、出水口、拖拉式支架等组成，如图6-2 所示。

（二）技术性能参数

WF390 型水驱动排烟机的技术参数见表 6-2。

图 6-2　WF390 型水驱动排烟机

表 6-2　WF390 型水驱动排烟机技术性能参数

科目	技术参数
排烟量	42400m³/h
风扇直径	400mm
额定功率	7.5kW
转速	4500r/min
工作压力	1.0～1.7MPa
重量	27kg
尺寸	58cm×43cm×41cm

三、小型坑道送风机

小型坑道送风机又称可快速转换的正负压电驱动排烟机。它是利用电力驱动风扇运转，达到向缺氧狭窄空间送风或抽吸烟气和有毒有害气体的目的，具有正负压双重效果。它采用高强度塑料外壳，具有防爆功能，主要用于有进风和出风口的管道、坑道、竖井等狭窄空间送风和只有一个通风口的狭窄空间抽吸烟气，从而消除火场烟雾和有毒有害气体，使消防员能够安全进入坑道内部实施救人和抢险。

（一）结构组成

以 UB20 小型坑道送风机为例，它主要由塑料外壳、风机、风管、电插头、电启动开关等组成，如图 6-3 所示。

图 6-3 UB20 小型坑道送风机

（二）技术性能参数

UB20 小型坑道送风机技术参数见表 6-3。

表 6-3 UB20 小型坑道送风机技术性能参数

科目	技术参数
排风量	1392m³/h，1120m³/h（90°弯），947m³/h（2 个 90°弯）
电源	240VAC/50Hz
风管	ϕ20×460（cm）
重量	7.3kg/10kg
尺寸	36cm×31cm×33cm

四、移动照明灯具组

SFW6110B 移动照明灯具组（图 6-4）是利用自备发电机组提供电力为灯盘供电，并通过电动气泵向伸缩气缸内充气使灯盘达到所需照明高度，实现可控面积照明的目的。适用于消防现场作业、维护抢修、事故处理和抢险救灾等大面积、高亮度照明的使用需求。

（一）结构组成

以 SFW6110B 移动照明灯具组为例，它主要由灯盘、伸缩气缸、发电机组、电动气泵、车架等组成，如图 6-4 所示。

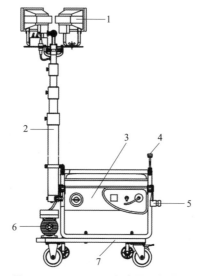

图 6-4　SFW6110B 移动照明灯具组

1—灯盘；2—伸缩气缸；3—发电机组；4—气缸托架组件；
5—灯盘托架组件；6—电动气泵；7—车架

（二）技术性能参数

SFW6110B 移动照明灯具组技术参数见表 6-4。

表 6-4　SFW6110B 移动照明灯具组性能参数

科目	技术参数
型号	SFW6110B
发电机额定电压/额定功率/最大功率	220VAC/2000W/2200W
灯盘工作电压/额定功率	220VAC/500W×4
连续工作时间	市电供电：长时间；发电机组一次注满燃油：13h
伸缩气缸高度	最低：1.8m 最高：4.5m

五、消防救生照明线

消防救生照明线是一种连续性照明器材，用于地下室、无光线通道、火场纵深人员物资疏散和灭火进攻指明方向的照明，防止参加救援的人员和灭火进攻人员在黑暗的火场迷失方向，其技术性能应符合《消防救生照明线》（GB 26783—2011）标准规定的要求，如图 6-5 所示。

图 6-5　消防救生照明线

（一）结构组成

主要由照明线体、专用配电箱和输入电缆组成。

（二）技术性能参数

消防救生照明线技术参数见表 6-5。

表 6-5　消防救生照明线性能参数

科目	技术参数
材质	PVC 与特种长寿灯串
照度	5～8m 宽的无光源空间照明，5cm 以上物体清晰可见
强度	抗拉性能不小于 300N，不怕脚踩、折弯、防紫外线
安全性	双保险漏电保护；线体间、电缆连接处均采用防爆、防水密闭插头、插座
导向性	装有红绿导向膜，可指引逃生方向

第二节

排烟技能实训科目

科目一　操作正压式排烟机

（一）训练目的

通过训练，使参训人员掌握正压式排烟机的使用方法。

（二）场地器材设置

在训练场上标出起点线，距起点线 1m 处标出器材线，器材线上放置正压式排烟机（MT236）1 台，如图 6-6 所示。

（三）操作程序

参训人员在起点线一侧 3m 处站成一列横队。

听到"第一名出列"的口令，操作人员答"是"，并跑至起点线立正站好。

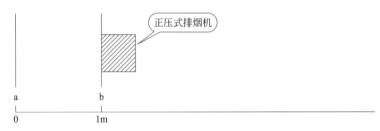

图 6-6 操作正压式排烟机场地器材设置示意图

a—起点线；b—器材线

听到"准备器材"的口令，操作人员检查器材，做好操作准备。

听到"开始"的口令，操作人员将排烟机折叠手柄打开，至拖拉位置，使排烟机自动倾斜至标准使用状态（+10°），发动排烟机后，举手示意喊"好"。

听到"收操"的口令，操作人员将器材复位。

听到"入列"的口令，操作人员跑步入列。

（四）动作要领

1. 打开排烟机折叠手柄

双手将折叠手柄打开，如图 6-7（a）所示，直至自动锁闭装置锁闭，如图 6-7（b）所示，此时排烟机为标准使用状态，可进行拖拉使用。

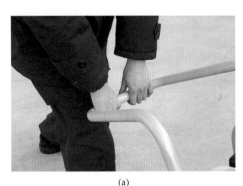

(a)　　　　　　　　　　　　　　　　　(b)

图 6-7 排烟机折叠手柄打开动作要领

2. 启动排烟机

操作人员按照打开油路开关、关闭风门（仅在冷机启动时）、打开停机开关、稍开油门、拉绳启动的程序启动排烟机，排烟机运转后，打开风门、加大油门，举手示意喊"好"。

3. 关闭排烟机

操作人员应先将油门降至怠速位置，再关闭停机开关。

（五）操作要求

标准使用时，打开折叠手柄时要注意打开到自动锁闭装置的锁闭位置；非标准状态使用时，调整好手柄位置后，手动旋转锁闭装置，如图 6-8 所示。

图 6-8　非标准状态使用操作要求

（六）成绩评定

操作人员个人防护措施到位，器材使用符合操作规程要求，排烟动作顺畅连贯，排烟效果良好为合格。

（七）安全注意事项

折叠手柄打开及拉绳启动时，注意控制好器材的重心，防止倾倒。

科目二　操作水驱动排烟机

（一）训练目的

通过训练，使参训人员掌握水驱动排烟机的使用方法。

（二）场地器材

在训练场上标出起点线，距起点线 1m 处标出器材线，器材线上放置 65mm 水带 2 盘，水驱动排烟机（WF390）1 台，如图 6-9 所示。

（三）操作程序

参训人员在起点线一侧 3m 处站成一列。

听到"前两名，出列"的口令，操作人员答"是"，并跑至起点线立正站好。

听到"准备"的口令，操作人员检查器材，做好操作准备。

听到"开始"的口令，操作人员铺设一条水带连接消防车出水口和排烟机进

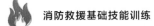

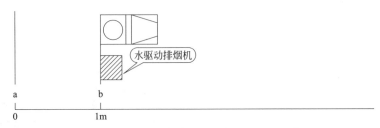

图 6-9　操作水驱动排烟机场地器材设置示意图
a—起点线；b—器材线

水口，铺设另一条水带连接消防车进水口和排烟机出水口，调整并固定好排风扇角度（送风角度），调整消防车供水压力，使风扇全速运转后，操作人员举手示意喊"好"。

听到"收操"的口令，操作人员将器材复位，成立正姿势。

听到"入列"的口令，操作人员跑步入列。

（四）动作要领

1. 连接器材

①号员原地打开一盘水带，连接消防车出水口和排烟机进水口；②号员原地打开另一盘水带，连接消防车进水口和排烟机出水口，如图 6-10（a）所示。

2. 启动器材

①号员调整并固定好排风扇角度后，如图 6-10（b）所示，向②号员示意，②号员调节消防车泵的油门，使供水压力为 1.0～1.7MPa。

　　　　　(a)　　　　　　　　　　　　　　　　　　(b)

图 6-10　水驱动排烟机连接动作要领

（五）操作要求

铺设水带时，要尽量平顺，避免折叠。

（六）成绩评定

操作人员个人防护措施到位，器材使用符合操作规程要求，水带铺设平顺，排烟效果良好为合格。

（七）安全注意事项

消防车水压不要大于1.7MPa，防止损坏器材，出现意外事故。

科目三　操作小型坑道送风机

（一）训练目的

通过训练，使操作人员掌握小型坑道送风机的使用方法。

（二）场地器材设置

在训练场上标出起点线，距起点线1m处标出器材线，器材线处放置小型坑道送风机1台，预先设220V电源1处，如图6-11所示。

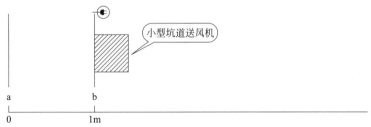

图6-11　操作小型坑道送风机场地器材设置示意图

a—起点线；b—器材线

（三）操作程序

参训人员在起点线一侧3m处站成一列横队。

当听到"第一名，出列"的口令，操作人员答"是"，并跑至起点线立正站好。

当听到"准备器材"的口令，操作人员检查器材，做好操作准备。

听到"开始"口令，操作人员打开风管盖，取出风管向前展开，另一端将风管连接到风机的正或负压端，然后将风机的电插头连接电源，打开电启动开关，使风机工作，当风机正常运转后喊"好"。

当听到"收操"的口令，操作人员将器材复位。

当听到"入列"的口令，操作人员跑步入列。

（四）动作要领

1. 连接风机

操作人员打开风筒盖，将风管向前拉出，如图 6-12（a）所示，根据风机上箭头的标识方向，判断风机的送排风状态，如图 6-12（b）、（c）所示，若风管连接状态是需要的状态，则无需再连接，若不是需要的状态，则用手指抠开风机和风管连接扣，取下风管，将风管套住风机连接端，扣好连扣。

2. 启停风机

操作人员将风机电插头插入电线卷盘的插座内，要牢固、可靠，然后在拨动风机上的开关从"○"到"—"，启动风机。停机时，先把开关从"—"拨到"○"，再断开电插头。

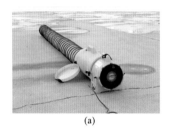 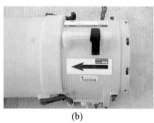 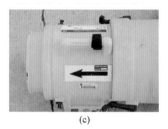

（a）　　　　　　　　（b）　　　　　　　　（c）

图 6-12　小型坑道送风机连接动作要领

（五）操作要求

① 向前展开风管时，应微向上提起，防止风管与地面过度摩擦，造成损坏；
② 风管连接扣与风机要可靠连接后，再启动风机。

（六）成绩评定

操作人员个人防护措施到位，器材使用符合操作规程要求，送风动作顺畅连贯，送风效果良好为合格。

（七）安全注意事项

① 注意用电安全，防止出现触电事故；
② 风机运转前，要注意风机罩、风管内是否有落叶、纸张、塑料等杂物，防止吸入风机造成损坏；
③ 在实际使用时要注意烟气的温度，高温烟气环境下不得使用。

第三节

照明技能实训科目

科目一 操作移动照明灯具组

（一）训练目的

通过训练，使参训人员掌握移动照明灯具组的使用方法。

（二）场地器材设置

在训练场上标出起点线，距起点线 1m 处标出器材线，器材线上放置移动照明灯具组 1 套，如图 6-13 所示。

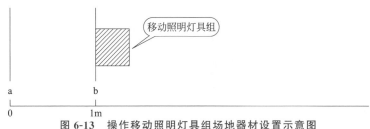

图 6-13　操作移动照明灯具组场地器材设置示意图
a—起点线；b—器材线

（三）操作程序

参训人员在起点线一侧 3m 处站成一列横队。

听到"第一名出列"的口令，操作人员答"是"，并跑至起点线立正站好。

听到"准备"的口令，操作人员检查器材，做好操作准备。

听到"开始"的口令，操作人员竖起伸缩气缸并固定，将照明灯盘安装在伸缩气缸顶端，调整好照射角度，连接电源线，打开发动机开关，拉动启动绳，启动发电机后，打开电源开关，利用电动气泵向伸缩气缸内充气，将照明灯盘升至 4.5m，打开灯盘开关，使照明灯发光照明。当照明灯正常工作后，关闭输出电源开关，关闭发电机，降下伸缩气缸，举手示意喊"好"。

听到"收操"的口令，操作人员将器材复位。

听到"入列"的口令，操作人员跑步入列。

（四）动作要领

1. 固定、连接器材

先将移动照明灯具组车架脚轮锁定，如图 6-14（a）所示；竖起伸缩气缸，确保自动锁销到位，并旋紧锁扣，如图 6-14（b）所示；安装灯盘到伸缩气缸顶部，确保自动锁销到位，并旋紧锁扣，如图 6-14（c）所示；连接伸缩气缸上的供电插头与灯盘上的受电插座，插头的凹槽要与插座的凸槽位置相配，如图 6-14（d）、（e）所示，插进后旋紧锁扣，如图 6-14（f）所示。

图 6-14　固定、连接移动照明灯具组动作要领

2. 启动发电机

启动前，将自锁插头插入插座，电动气泵与灯盘的插头插入插排，确保插排的分开关都属于关闭位置，交流断路器处于"OFF"位置，如图 6-15 所示。操作人员按照打开油路开关、关闭风门（仅在冷机启动时）、打开停机开关、拉绳启动的程序启动发电机，发电机运转后，打开风门。

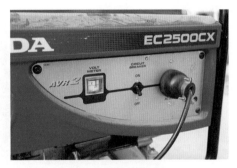

图 6-15 移动照明灯具组
启动发电机动作要领

3. 升起灯盘并点亮

观察电压表示数为 220V 并稳定后，将交流断路器拨到"ON"位置，打开电动气泵开关，如图 6-16（a）所示，向伸缩气缸充气，灯盘升至 4.5m 稳定后，关闭电动气泵开关；打开灯盘开关，如图 6-16（b）所示，照明灯正常照明，举手示意喊"好"。

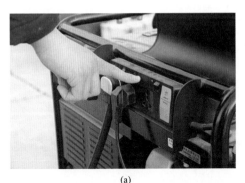 

(a)   (b)

图 6-16 移动照明灯具组升起灯盘并点亮动作要领

4. 操作完毕

关闭灯盘开关，拨动交流断路器到"OFF"位置，拔下各类插头，关闭发电机停机开关。

5. 收整器材

降下伸缩气缸，拔出锁销，按压底部排气按钮，分段降下，如图 6-17（a）、(b)、(c)所示，按照连接的相反顺序和方法，卸下灯盘，放倒伸缩气缸。

(a)   (b)

(c)

图 6-17　移动照明灯具组收整器材动作要领

（五）操作要求

① 各种锁销、锁扣、电插头要连接、锁闭可靠到位；

② 确保发电机零负载启动，零负载关机；

③ 降下伸缩气缸最后一段时，要注意拔出锁销与按动排气按钮的配合，防止灯盘突然降下砸到操作人员头部。

（六）成绩评定

操作人员个人防护措施到位，器材使用符合操作规程要求，照明动作顺畅连贯，照明效果良好为合格。

（七）安全注意事项

① 移动照明灯具组上方 5m 以下应无障碍物，并避开高压线路；

② 使用发电机应评估负载功率，超过发电机最大供电功率的负载禁止使用；

③ 交流断路器有漏电保护和过载保护功能，使用过程中交流断路器自行关闭时，应检查线路、负载情况，不应强行复位。

科目二　操作救生照明线

（一）训练目的

通过训练，使参训人员掌握救生照明线的使用方法。

（二）场地器材设置

在训练场上标出起点线，距起点线 1m 处标出器材线；器材线上放置救生照明线 1 套，预先设 220V 电源 1 处，如图 6-18 所示。

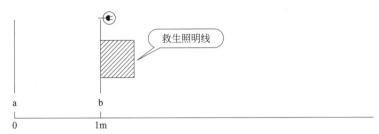

图 6-18　操作救生照明线场地器材设置示意图
a—起点线；b—器材线

（三）操作程序

参训人员在起点线一侧 3m 处站成一列横队。

听到"第一名出列"的口令，操作人员答"是"，并跑至起点线立正站好。

听到"准备"的口令，操作人员做好操作准备。

听到"开始"的口令，操作人员连接好电源，将救生照明线一端与控制箱连接好，打开电源开关，施放救生照明线至终点线后举手示意喊"好"。

听到"收操"的口令，操作人员将器材复位。

听到"入列"的口令，操作人员跑步入列。

（四）动作要领

1. 连接器材

将输入电缆与配电箱，配电箱与照明线体相连接，注意插头插座要连接到位，如图 6-19 所示。

图 6-19　救生照明线连接动作要领

2. 接通电源

确保配电箱两个空气开关处于关闭位置，将输入电缆插头与电源连接，依次打开配电箱的空气开关，如图 6-20 所示，照明线点亮。

3. 施放照明线

一手提起照明线线盘，另一手辅助施放照明线，如图 6-21 所示，将照明线完全展开后，举手示意喊"好"。

图 6-20　救生照明线接通电源动作要领

图 6-21　救生照明线施放动作要领

4. 收整器材

一手提照明线盘，一手转动线盘手柄，将照明线平顺、均匀收整至线盘上。分别关闭配电箱空气开关，断开输入电缆电插头。

（五）操作要求

① 应先点亮救生照明线，再向前施放；收整救生照明线时，应在点亮状态下收整；

② 不应长时间使收整的救生照明线处于点亮状态，防止线体过热；

③ 防水插头插座连接时要可靠到位；

④ 空气开关要逐个打开，逐个关闭。

（六）成绩评定

操作人员个人防护措施到位，器材使用符合操作规程要求，照明动作顺畅连贯，照明效果良好为合格。

（七）安全注意事项

要注意用电安全，防止触电事故。

第七章 起重、支撑技能训练

起重技能，是指消防员在交通事故、地震或其他原因造成的建构筑物倒塌等救援现场，利用起重器材顶起可移动的交通工具、建构筑物构件或其他重物，达到开辟救援通道为目的的专项技能；支撑技能，是指消防员在交通事故、地震或其他原因造成的建构筑物倒塌、沟槽以及特殊受限空间等救援现场，利用支撑器材支撑、加固或支护不可移动（或业已起重移动完毕）的交通工具、建构筑物、沟槽以及特殊受限空间的部分结构达到营造安全救援空间为目的的专项技能。在应急救援现场，科学有效地进行起重和支撑是先导性、关键性、保障性的战斗行动，起重后通常需要进行支撑，而支撑往往可单独实施。

起重、支撑技能训练的主要目的是使参训人员了解常用起重、支撑器材的性能用途，掌握其操作要领和操作注意事项而开展的专项技能训练。

第一节

常用起重、支撑器材简介

起重器材，是指消防员在灭火与应急救援过程中遇到被大型物体、重型车辆埋压人员的情况时用于顶起重物以开拓救援空间的快速、方便、柔性无碰撞的器材。起重器材根据动力驱动方式的不同可分为液压、气动等不同类别，且每种起重器材都具有其相应的适用对象和范围。

支撑器材，就是用来对重物进行支撑稳固，以建立安全的救援通道或空间的工具。在消防救援中，当使用顶撑器材将建筑构件、重物撑起，营造救援空间或建筑物、建筑构件有倒塌危险需要稳固时，必须使用支撑器材对其进行稳固支撑，以确保救援行动的安全。常见的器材有木质支撑器材、重型支撑套具等。

一、起重器材

（一）起缝器

起缝器是在障碍物之间缝隙很小的情况下，增加救援空间的一种器材，通常可以最大增加5cm的救援空间，以便其他救援器材插入进行下一步的操作，如图7-1所示。

图 7-1　起缝器

（二）起重气垫

起重气垫用于交通事故、房屋倒塌等事故现场救援，由凯夫拉材料制成，具备抗静电、抗裂、耐磨抗油、抗老化等性能，如图7-2所示。起重气垫由气源（高压气瓶或脚踏空气充填泵）提供动力，工作压力为8bar，起重力强，单支起重气垫的起重力为3～71t，有2.5cm的缝隙便可插入气垫进行起重作业。

（三）起重气囊

起重气囊的底部和顶部为圆形，使用了特殊内部支承带和耐受力极强的涂橡胶聚酰胺织料，可同时增加侧面的稳定性，其为低压产品，压力负荷低，整个起重过程起重力均匀，柔韧性强，如图7-3所示。工作压力为1bar，单支气囊的起重量为3～22t，最大举升高度可达110cm。

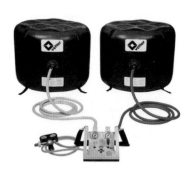

图 7-2　起重气垫　　　　　　　　图 7-3　起重气囊

（四）液压千斤顶

液压千斤顶是指采用柱塞或液压缸作为刚性顶举件的千斤顶，具有结构紧凑，工作平稳，顶撑量大，可自锁等特点。液压千斤顶的撑顶能力强，重型液压千斤顶顶撑量超过100t，液压千斤顶需配合液压手动泵联合使用，如图7-4所示。

图7-4 液压千斤顶

二、支撑器材

（一）木质支撑器材

木质支撑器材是利用木方为主要材料的支撑器材。木方是将木材根据实际加工需要锯切成一定规格形状的方形条木，一般用于装修及门窗材料，结构施工中的模板支撑及屋架用材，或用来制作各种木制家具，如图7-5（a）所示。材料上一般为松木、椴木、杉木等树木加工而成。在木质支撑时，一般使用的材料为10cm×10cm木方，根据需要支撑构件重量和受力情况，也可自行确定木方的宽度。通常情况下，木质支撑除选用木方外，还要利用木楔、工字钉、铁钉等，如图7-5（b）、（c）所示。

(a) 木方　　　　　　(b) 木楔　　　　　　(c) 工字钉

图7-5 木质支撑器材

（二）重型支撑套具

Holmatro重型支撑套具主要包括支撑杆、延长杆、头部配件、动力源、控制器、导管等构件，如图7-6（a）所示，可以在地震、塌方、交通事故等现场快速构建安全的救援工作区，是消防救援队伍广泛配备的专业支撑器材。

1. 结构组成

目前常用的重型支撑套具，支撑杆按动力源分为手动如图 7-6（b）所示，气动如图 7-6（c）、（d）所示，液压如图 7-6（e）、（f）三种类型，延长杆、头部配件等为通用构件。

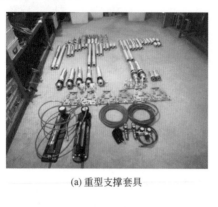

(a) 重型支撑套具

(b) 手动支撑杆

(c) 气动支撑杆(缩合状态)

(d) 气动支撑杆(伸展状态)

(e) 液压支撑杆(缩合状态)

(f) 液压支撑杆(伸展状态)

图 7-6　重型支撑套具

2. 技术性能参数

Holmatro 重型支撑套具性能参数见表 7-1。

表 7-1　Holmatro 重型支撑套具技术性能参数

器材部件	型号	长度/cm	伸出	缩回	锁定方式
手动液压泵	PA09H2S10	×	×	×	×
手动液压泵	HTW700APS	×	×	×	×
减压调压器		×	×	×	×
控制器	DCV10U	×	×	×	×

器材部件	型号	长度/cm	伸出	缩回	锁定方式
导气管		100	×	×	×
大底座			×	×	×
变向底座			×	×	×
支撑杆	HS1L5＋	57.5～82.5	液压		手动 Locknut
	AS3Q5FL	63～88	气压顶出/手动上拔	手动下压	自动 Auto-lock
	MS2L2＋	25～37.5	手动上旋	手动下旋	Thread
延长杆	1m	100			
	0.5m	50			
	0.25m	25			
	0.125m	12.5			
收紧带	LC15kN				

使用重型支撑套具，必须考虑器材本身的承重能力，承重能力与使用器材时的长度有关，最大承力与器材长度关系，详见表7-2。

表 7-2　支撑杆最大承力与器材长度关系对照表

长度	mm	<1325	1500	1750	2000	2250	2500	2750	3000	3250	3500	3750	4000	4250	4500
	inch	<53	60	70	80	90	100	110	120	130	140	150	160	170	180
力	kN	100	82	62	47	37	30	25	21	18	15	13	11	10	9
	klbf	22.0	18.7	13.5	10.3	8.2	6.6	5.5	4.6	3.9	3.4	2.9	2.5	2.3	2.0

第二节

起重技能实训科目

科目一　操作液压起缝器起缝

（一）训练目的

通过训练，使参训人员学会液压起重器材的连接方法，掌握起缝器动作要领，为参加灭火与应急救援实战奠定技能基础。

（二）场地器材设置

在平整的训练场地上标出起点线，在起点线前 1m 标出器材线，4～6m 处标出操作区，如图 7-7 所示。器材线上放置液压起缝器、油管和机动液压泵 1 套，垫块若干。操作区内设置混凝土预制板 1 块。

图 7-7　操作液压起缝器起缝场地器材设置示意图
a—起点线；b—器材线；c～d—操作区

（三）操作程序

参训人员在起点线一侧 3m 处站成一列横队。

听到"前三名，出列"的口令，操作人员答"是"，跑步至起点线成立正姿势。

听到"准备器材"的口令，操作人员整理、检查所用的器材，做好器材准备。

听到"预备"的口令，操作人员做好操作准备。

听到"开始"的口令，操作人员按照连接器材、启动机动液压泵、起缝操作、插入垫块、操作完毕、收整器材的顺序进行操作，操作完毕后，举手喊"好"示意。

听到"收操"的口令，操作人员将器材恢复原位，成立正姿势。

听到"入列"的口令，操作人员跑步入列。

（四）动作要领

1. 连接器材

①号员连接起缝器与油管的接口并连接好防尘帽，②号员连接机动液压泵和油管的接口并连接好防尘帽，如图 7-8（a）、（b）所示。

2. 启动机动液压泵

①号员手持起缝器至操作区域做好操作准备，③号员携垫块至操作区域，

②号员按照打开油路开关、关闭风门（仅在冷机启动时）、打开停机开关、稍开油门、拉绳启动的程序启动机动液压泵，同时向①号员发出"好"的指令，并打开风门，加大油门。

3. 起缝操作

①号员听到"好"的指令后，控制好器材，将器材头部插入预制板下方，旋转手动开关，开始进行起缝操作，起缝同时③号员插入垫块进行保护，如图 7-8（c）所示。

(a)

(b)

(c)

图 7-8　操作液压起缝器起缝动作要领

4. 操作完毕

①号员起缝操作完毕后，旋转手动开关，将起缝器尖端恢复成初始状态，切记③号员同时回收垫块，然后向②号员发出"好"的指令，②号员减小油门，关闭机动液压泵，举手示意喊"好"。

5. 收整器材

机动液压泵停机后，①、②、③号员分别断开起缝器和机动液压泵的接口，

将器材重新放回器材线上。

（五）操作要求

① 一定要管理好防尘帽，在完成操作时，要检查防尘帽内是否有沙粒等杂物，再将防尘帽盖入接口内；

② 起重同时要用垫块伴随支撑。

（六）成绩评定

操作人员个人防护措施到位，器材使用符合操作规程要求，起缝操作顺畅连贯，起缝效果良好为合格。

（七）安全注意事项

起缝过程中勿将手指插入缝隙中，并用垫块做好伴随支撑。

科目二　操作起重气垫起重

（一）训练目的

通过训练，使参训人员学会起重气垫的连接方法，掌握起重动作要领，为参加灭火与应急救援实战奠定技能基础。

（二）场地器材设置

在平整的训练场地上标出起点线，在起点线前 1m 标出器材线，4～6m 处标出操作区，参见图 7-7 操作液压起缝器场地器材设置示意图。器材线上放置起重气垫 1 块，减压器、控制器、气瓶各 1 个，导管 1 条、头盔 3 顶、护目镜 3 副、垫块若干。操作区内设置底部可插入起重气垫的混凝土预制板 1 块。

（三）操作程序

参训人员在起点线一侧 3m 处站成一列横队。

听到"前三名，出列"的口令，操作人员答"是"，跑步至起点线成立正姿势。

听到"准备器材"的口令，操作人员整理、检查所用的器材，做好器材准备。

听到"预备"的口令，操作人员做好操作准备。

听到"开始"的口令，操作人员按照连接器材、打开气瓶、减压、打开控制器、起重操作、操作完毕、收整器材的顺序进行操作，操作完毕后，举手喊"好"示意。

听到"收操"的口令，操作人员将器材恢复原位，成立正姿势。

听到"入列"的口令，操作人员跑步入列。

（四）动作要领

1. 连接器材

①号员连接起重气垫、控制器与导管，②号员连接气瓶、减压器、控制器，③号员将垫块携带至起重区域附近，如图 7-9（a）、（b）所示。

2. 调节减压压力

②号员打开气瓶阀，打开减压器开关，调节减压器输出压力为 8bar。

3. 起重操作

①号员将起重气垫至少三分之二面积插入混凝土预制板下方，②号员观察起重气垫并缓慢操作控制器，开始进行起重操作，起重同时①、③号员插入垫块进行保护，起重完毕后①号员喊"停"，②号员关闭控制阀。

4. 操作完毕

①号员下达"泄压"指令，②号员先关闭气瓶开关，后打开控制器泄压阀，缓慢泄压，①、③号员注意在泄压过程中逐步将保护垫块撤出，泄压完毕后，②号员举手示意喊"好"，如图 7-9（c）、（d）所示。

(a)

(b)

图 7-9

(c)   (d)

图 7-9 操作起重气垫起重动作要领

5. 收整器材

①、②、③号员分别断开起重气垫、控制器、减压器、气瓶与导管之间的接口，将器材收整好后重新放回器材线上。

（五）操作要求

① 起重过程中要缓慢打开控制器开关，缓慢起重；
② 起重气垫接触部位较为尖锐时，需用垫板配合操作；
③ 起重同时要用垫块伴随支撑。

（六）成绩评定

操作人员个人防护措施到位，器材使用符合操作规程要求，起重操作顺畅连贯，起重效果良好为合格。

（七）安全注意事项

防止起重气垫接触到尖锐部位。

科目三 操作起重气囊起重

（一）训练目的

通过训练，学会起重气囊的连接方法，掌握起重动作要领，为参加灭火与应急救援实战奠定技能基础。

（二）场地器材设置

在平整的训练场地上标出起点线，在起点线前 1m 标出器材线，3～6m 处标出操作区，如图 7-10 所示。器材线上放置起重气囊、气瓶、减压器、控制器、导管各 1 套、头盔 3 顶、护目镜 3 副、垫块若干。操作区设置报废车 1 辆。

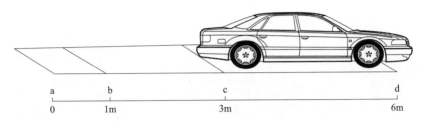

图 7-10　操作起重气囊起重场地器材设置示意图
a—起点线；b—器材线；c～d—操作区

（三）操作程序

参训人员在起点线一侧 3m 处站成一列横队。

听到"前两名，出列"的口令，操作人员答"是"，跑步至起点线成立正姿势。

听到"准备器材"的口令，操作人员整理、检查所用的器材，做好器材准备。

听到"预备"的口令，操作人员做好操作准备。

听到"开始"的口令，操作人员按照连接器材、打开气瓶、调压、打开控制器、起重操作、操作完毕、收整器材的顺序进行操作，操作完毕后，举手喊"好"示意。

听到"收操"的口令，操作人员将器材恢复原位，成立正姿势。

听到"入列"的口令，操作人员跑步入列。

（四）动作要领

1. 连接器材

①号员连接起重气囊、控制器与导管，②号员连接气瓶、减压器、控制器，③号员将垫块携带至起重区域附近。

2. 调节减压压力

②号员打开气瓶阀，打开减压器开关，调节减压器输出压力为 1bar。

3. 起重操作

①号员将起重气囊放入车辆下方，②号员观察起重气囊并缓慢操作控制器，开始进行起重操作，起重同时①、③号员插入垫块进行保护，起重完毕后①号员喊"停"，②号员关闭控制阀，如图 7-11 所示。

图 7-11　操作起重气囊起重车身和车头动作要领

4. 操作完毕

①号员下达"泄压"指令，②号员先关闭气瓶开关，后打开控制器泄压阀，缓慢泄压，①、③号员注意在泄压过程中逐步将保护垫块撤出，泄压完毕后，②号员举手示意喊"好"。

5. 收整器材

①、②、③号员分别断开起重气囊、控制器、减压器、气瓶与导管之间的接口，将器材收整好后重新放回器材线上。

（五）操作要求

① 起重过程中要缓慢打开控制器开关，缓慢起重；
② 起重同时与垫块要配合默契。

（六）成绩评定

操作人员个人防护措施到位，器材使用符合操作规程要求，起重操作顺畅连贯，起重效果良好为合格。

（七）安全注意事项

防止起重气囊接触到锐利部位。

科目四 操作液压千斤顶起重

（一）训练目的

通过训练，使参训人员学会液压起重器材的连接方法，掌握起重动作要领，为参加灭火与应急救援实战奠定技能基础。

（二）场地器材设置

在平整的训练场地上标出起点线，在起点线前 1m 标出器材线，3～6m 处标出操作区，参见图 7-10 操作起重气囊起重场地器材设置示意图。器材线上放置液压千斤顶、手动液压泵 1 套、垫块若干。操作区内设置报废车 1 辆。

（三）操作程序

参训人员在起点线一侧 3m 处站成一列横队。

听到"前两名，出列"的口令，操作人员答"是"，跑步至起点线成立正姿势。

听到"准备器材"的口令，操作人员整理、检查所用的器材，做好器材准备。

听到"预备"的口令，操作人员做好操作准备。

听到"开始"的口令，操作人员按照连接器材、启动手动液压泵、起重操作、插入垫块、操作完毕、收整器材的顺序进行操作，操作完毕后，举手喊"好"示意。

听到"收操"的口令，操作人员将器材恢复原位，成立正姿势。

听到"入列"的口令，操作人员跑步入列。

（四）动作要领

1. 连接器材

①号员连接千斤顶与液压手动泵的接口并连接好防尘帽。

2. 启动手动液压泵，起重操作

①号员持千斤顶及垫块至操作区域做好操作准备。①号员将千斤顶放在汽车

A 柱底部可放置千斤顶的位置下方后回喊"好"，②号员操作液压手动泵起重车辆，①号员在起重过程中放入垫块进行保护。

3. 操作完毕

车辆起重完毕后，②号员打开泄压阀，①号员在泄压过程中将垫块撤出。

4. 收整器材

①、②号员分别断开千斤顶与液压手动泵的接口，将器材重新放回器材线上。

（五）操作要求

① 一定要管理好防尘帽，在完成操作时，要检查防尘帽内是否有沙粒等杂物，再将防尘帽盖入接口内；

② 起重同时与垫块要配合默契。

（六）成绩评定

操作人员个人防护措施到位，器材使用符合操作规程要求，起重操作顺畅连贯，起重效果良好为合格。

（七）安全注意事项

防止千斤顶顶部与车体接触部位发生滑移。

第三节

支撑技能实训科目

科目一　制作"T"形木质支撑

（一）训练目的

通过训练，使参训人员掌握制作"T"形木质支撑的方法。

（二）场地器材设置

在训练塔前 5m 处标出起点线，距起点线 1m 处标出器材线，如图 7-12 所示。器材线上放置 10cm×10cm×5m 木方 3 根，机动链锯 1 部，手锯 1 把，卷尺 1 个，锤头 2 把，工字钉若干。

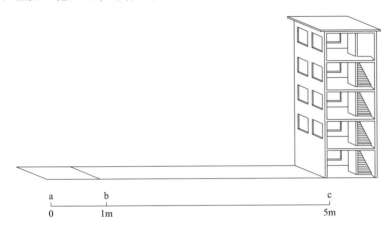

图 7-12　制作"T"形木质支撑场地器材设置示意图
a—起点线；b—器材线；c—塔基线

（三）操作程序

参训人员在起点线一侧 3m 处站成一列横队。

听到"前两名出列"的口令，操作人员答"是"，并跑至起点线立正站好。

听到"准备"的口令，操作人员按各自分工检查器材，做好操作准备。

听到"开始"的口令，①号员携带卷尺至操作区窗口前，测量窗口的厚度、宽度、高度，并将数据报告给②号员。②号员根据数据，利用机动链锯或手锯切割木方，制作支撑所需的横架、立柱、木楔。①号员将制作好的横架、立柱利用工字钉连接。两名操作人员合力将连接好的横架和立柱放置于窗口处，然后协调利用锤头将制作好的木楔固定到立柱底部。待支撑架稳固后，举手示意喊"好"。

听到"收操"的口令，操作人员将器材复位。

听到"入列"的口令，操作人员跑步入列。

（四）动作要领

1. 制作横架、立柱、木楔

根据窗口的厚度、宽度、高度，利用机动链锯或手锯截取木方的长度，注意截取立柱的长度时，要留有使用木楔固定的余地，如图 7-13（a）所示。木楔应为直角三角形，且弦边与其中一直角边的角度应缓，弦边要长，同时应考虑便于后续楔入操作，如图 7-13（b）所示。

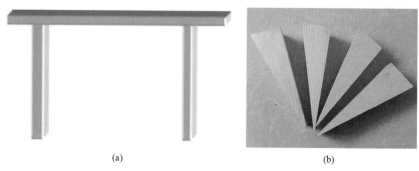

(a)　　　　　　　　　　　　　(b)

图 7-13　制作横架、立柱、木楔动作要领

2. 利用工字钉连接横架、立柱

工字钉连接横架、立柱，应形成等腰直角三角形，如图 7-14 所示。

3. 立于窗口并木楔固定

将连接好的横架、立柱立于窗口后，如图 7-15（a）所示。然后利用木楔进行固定，敲击木楔时，必须双手同

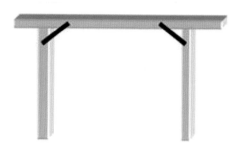

图 7-14　工字钉连接横架、立柱动作要领

时敲击两侧木楔使其固定，防止敲击一侧导致立柱发生偏离，如图 7-15（b）所示。

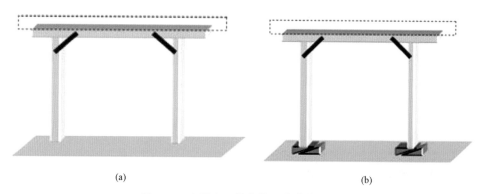

(a)　　　　　　　　　　　　　(b)

图 7-15　立于窗口并木楔固定动作要领

（五）操作要求

① 选择木方的宽度要足以支撑不稳定建筑结构；

② 制作木质支撑结构若使用钉子固定时，应采取"梅花"钉法。

（六）成绩评定

操作人员个人防护措施到位，器材使用符合操作规程要求，木质支撑构件尺寸合适，支撑操作顺畅连贯，支撑效果良好为合格。

（七）安全注意事项

要注意各类锯、钉、锤的使用，防止发生意外伤害。

科目二 操作气动支撑套具支撑

（一）训练目的

通过训练，使参训人员掌握气动支撑套具使用的方法。

（二）场地器材

在训练塔前 5m 处标出起点线，距起点线 1m 处标出器材线，参见图 7-12 制作"T"形木质支撑场地器材设置。器材线上放置气动支撑套具 1 套，气瓶 1 支，卷尺 1 个，合适尺寸的方木 2 根。

（三）操作程序

参训人员在起点线一侧 3m 处站成一列横队。

听到"前三名出列"的口令，操作人员答"是"，并跑至起点线立正站好。

听到"准备"的口令，操作人员按各自分工检查器材，做好操作准备。

听到"开始"的口令，①号员携带卷尺至操作区窗口前，测量窗口的厚度、宽度、高度，并将数据报告给②号员。②号员根据数据，选取支撑杆、连接杆、头部配件相连接，③号员重复②号员操作。①号员将气瓶、减压器、控制器、支撑杆通过导管相连接，并调试好。②、③号员操作人员合力将连接好的两根撑杆放置于窗口处，垫好方木，②、③号员各扶稳一根撑杆，①号员操作控制器升起支撑杆。待自锁装置锁闭且支撑稳固后，卸压使压力表归零，拔除与支撑杆连接的导管，举手示意喊"好"。

听到"收操"的口令，操作人员将器材复位。

听到"入列"的口令，操作人员跑步入列。

（四）动作要领

1. 连接支撑杆、连接杆、头部配件

根据窗口的高度，选配好合适的连接杆，原则是保证支撑时，连接好的撑杆可装入支撑窗口，并且支撑杆有伸出活动空间但不至于达到伸出上限。

2. 操作控制器升起支撑杆

操作人员操作控制器时，应协调、同步、缓慢地升起两根撑杆，达到支撑状态并使自动锁闭装置锁闭后，应使两压力表的示数保持近似一致，并记住该数值，如图 7-16 所示。然后泄压归零，拔除导管。

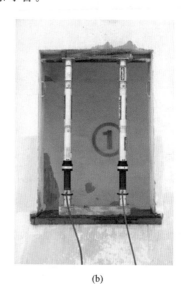

(a)　　　　　　　　　　　　　　　　(b)

图 7-16　操作控制器升起支撑杆动作要领

3. 支撑杆的解锁与缩回

重新连接气管，操作控制器加压至之前数值，操作人员用手按压自动锁使其下降约 0.5cm；这时按动操作器泄压按钮，即可进一步按压自动锁，使支撑柱降低至完全缩回。

（五）操作要求

① 头部配件的选配应考虑与方木或接触面完全接触；

② 两根支撑杆升起时，应尽量一并升起。

（六）成绩评定

操作人员个人防护措施到位，器材使用符合操作规程，支撑操作顺畅连贯，支撑效果良好为合格。

（七）安全注意事项

连接好的支撑杆、延长杆重量大，放置、升起、缩回时，应扶稳、控制好，防止倾倒发生意外伤害。

第八章 初起火灾扑救技能训练

08

火灾，是指在时间和空间上失去控制的燃烧造成的灾害。在各种灾害中，火灾是最经常、最普遍地威胁公众安全和社会发展的主要灾害之一。一般情况下，可将火灾发展过程划分为四个阶段，即火灾初起阶段、火灾发展阶段、火灾猛烈阶段和火灾衰减熄灭阶段。火灾初起阶段火势小、危险低，是火灾扑救的最佳时机，若在此阶段将火灾扑灭，扑救的难度较低，火灾造成的损失较小。本章重点介绍利用广泛普及的灭火器进行初起火灾扑救的方法。

第一节

常用灭火器简介

灭火器，是指由人操作的、能在其自身内部压力的作用下将所充装的灭火剂喷射出来实施灭火作业的专用器具。

最早的灭火器是19世纪后期发明的手提式酸碱灭火器。这种灭火器筒体内装有苏打溶液和一支装有酸性溶液的玻璃瓶，使用时将玻璃瓶击碎，两种溶液中和产生二氧化碳气体，气体的压力使灭火剂喷出，洒向火中。此后，人们就不断致力于灭火器结构的研究与创新，改造生产工艺，从而使灭火器在结构上变得更趋于合理并简便适用。

灭火器具有结构简单、轻便灵活、便于移动、操作简便的特点，因此在民用、工业建筑和交通工具上得到了广泛的配置和应用，成为一种普及程度极高并能够有效扑灭初起火灾、防止火势进一步蔓延的消防器材。

一、灭火器简介

（一）灭火器的分类

1. 按照充装的灭火剂分类

（1）水基型灭火器　水基型灭火器，是指内部充装以水为灭火剂基料的灭火器。充装的水基型灭火剂包括清洁水以及为了提高水的灭火效果而加入的添加剂，如湿润剂、增稠剂、阻燃剂或发泡剂等。

（2）干粉灭火器　干粉灭火器，是指内部充装干粉灭火剂的灭火器。充装的干粉灭火剂包括 BC 干粉灭火剂、ABC 干粉灭火剂和 D 类火专用干粉灭火剂。

（3）二氧化碳灭火器　二氧化碳灭火器，是指内部充装二氧化碳灭火剂的灭火器。

（4）洁净气体灭火器　洁净气体灭火器，是指内部充装洁净气体灭火剂的灭火器。充装的洁净气体包括卤代烷烃类气体灭火剂、惰性气体灭火剂和混合气体灭火剂等。

2. 按照移动方式分类

（1）手提式灭火器　手提式灭火器，是指灭火器的总重量在 20kg 以下（二氧化碳灭火器不超过 23kg），能用手提着移动的灭火器。

（2）推车式灭火器　推车式灭火器，是指灭火器的总重量在 25～450kg 之间，带有车轮等行驶机构，由人力推或拉着移动的灭火器。

3. 按照驱动灭火剂的形式分类

（1）贮压式灭火器　贮压式灭火器，是指灭火剂由贮存于灭火器同一容器内的压缩气体或灭火剂蒸气压力驱动的灭火器。

（2）贮气瓶式灭火器　贮气瓶式灭火器，是指灭火剂由贮气瓶释放的压缩气体压力或液化气体压力驱动的灭火器。根据贮气瓶的安装位置不同又可分为内置贮气瓶式灭火器和外置贮气瓶式灭火器。

由于贮气瓶式灭火器和贮压式灭火器相比结构复杂、零部件多、维修工艺繁杂，而且在使用过程中，平时不受压的筒体及密封连接处瞬间受压，一旦灭火器筒体承受不住瞬时冲入的高压气体，易发生爆炸事故。为此，性能安全可靠的贮压式灭火器正在逐步取代贮气瓶式灭火器。

（二）灭火器的规格与型号编制方法

1. 灭火器的规格

灭火器的规格，是按其额定充装的灭火剂量来划分的。目前国内手提式灭火器的规格是强制性的，推车式灭火器的规格是推荐性的。水基型灭火器通常采用升（L）作为单位，而其他类型灭火器通常采用千克（kg）作为单位，见表8-1。

表 8-1　灭火器常见规格

分类	类型	
	手提式	推车式
水基型灭火器	2L、3L、6L、9L	20L、45L、60L、125L
干粉灭火器	1kg、2kg、3kg、4kg、5kg、6kg、8kg、9kg、12kg	20kg、50kg、100kg、125kg
二氧化碳灭火器	2kg、3kg、5kg、7kg	10kg、20kg、30kg、50kg
洁净气体灭火器	1kg、2kg、4kg、6kg	10kg、20kg、30kg、50kg

2. 灭火器的型号编制方法

（1）手提式灭火器的型号编制方法　手提式灭火器的型号编制方法，如图8-1所示。

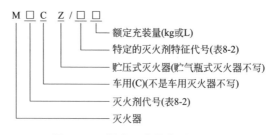

图 8-1　手提式灭火器的型号编制

注：如产品结构有改变时，其改进代号可加在原型号的尾部，以示区别。

（2）推车式灭火器的型号编制方法　推车式灭火器的型号编制方法，如图8-2所示。

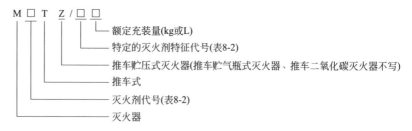

图 8-2　推车式灭火器的型号编制

注：如产品结构有改变时，其改进代号可加在原型号的尾部，以示区别。

（3）各种灭火器的灭火剂代号和特定的灭火剂特征代号　见表 8-2。

表 8-2　灭火剂代号和特定的灭火剂特征代号

分类	灭火剂代号	代号含义	特定的灭火剂特征代号	特征代号含义
水基型灭火剂	S	清水或带添加剂的水	AR（不具有此性能不写）	具有扑灭水溶性液体燃料火灾的能力
	P	泡沫灭火剂	AR（不具有此性能不写）	具有扑灭水溶性液体燃料火灾的能力
干粉灭火器	F	干粉灭火剂。包括 BC 型和 ABC 型干粉灭火剂	ABC（BC 干粉灭火剂不写）	具有扑灭 A 类火灾的能力
二氧化碳灭火器	T	二氧化碳灭火剂		
洁净气体灭火器	J	洁净气体灭火剂。包括卤代烷烃类气体灭火剂、惰性气体灭火剂和混合气体灭火剂等		

3. 灭火器编号示例

灭火器编号示例，见表 8-3。

表 8-3　灭火器编号示例

型号	含义
MSZ/6	6L 手提贮压式水基型灭火器
MFCZ/ABC1	1kg 手提贮压式车用 ABC 干粉灭火器
MF/ABC5	5kg 手提贮气瓶式 ABC 干粉灭火器
MFZ/BC8 或 MFZ/8	8kg 手提贮压式 BC 干粉灭火器
MT/3	3kg 手提二氧化碳灭火器
MJZ/4	4kg 手提贮压式洁净气体灭火器
MPTZ/AR45	45L 推车贮压式抗溶性泡沫灭火器
MFT/ABC20	20kg 推车贮气瓶式 ABC 干粉灭火器
MTT/20	20kg 推车式二氧化碳灭火器

（三）灭火器用途代码符号

灭火器筒身铭牌上都包含许多文字和图案信息，其作用是指导操作人员正确使用及维护保养灭火器。其中最为重要的是灭火器用途代码符号，它告诉操作人员该灭火器是否适用当前的火灾类型，如图 8-3 所示。对于某灭火器能够适用于 A 类火、B 类火、C 类火或涉及带电的电气设备火灾等中的一种或多种用途，则将其适用的代码符号图标志在灭火器上。对于该灭火器用于某一用途会对操作人员产生危险，因而不考虑用于该类火灾时，则将该代码符号图标志在灭火器上，并用红线从左顶角至右底角划去。

(a) A 类火-普通　　(b) B 类火-可燃　　(c) C 类火-气体　　(d) E 类火-涉及带电
固体材料火　　　液体火　　　和蒸气火　　　的电气设备火

图 8-3　灭火器用途代码符号

二、干粉灭火器

干粉灭火器是以化学粉剂作为灭火剂的灭火器，主要包括 BC 干粉灭火器、ABC 干粉灭火器两类。按照移动方式分为手提式和推车式两类，如图 8-4 所示。

（一）干粉灭火器的结构

干粉灭火器按驱动形式分为贮压式和贮气瓶式。由于贮气瓶式干粉灭火器结构复杂、操作不便等原因，已经逐渐退出市场，这里重点介绍贮压式干粉灭火器的结构。贮压式干粉灭火器按移动方式分为手提式和推车式。

图 8-4　干粉灭火器

干粉灭火器中的干粉灭火剂和驱动气体储存在同一个容器内，混合在一起，驱动气体一般为氮气。使用时，由驱动气体压力驱动灭火剂喷射。

手提式干粉灭火器主要由筒体总成、器头总成、喷射系统等部分构成，如图 8-5 所示。筒体总成是存装灭火剂的容器，平时存放时，承受内部气体平衡压力，一般此类筒体为钢制焊接筒体；器头总成是用于密封筒体的阀门，一般包括提把、压把、内部压力指示器和可控制灭火剂间歇喷射的阀门；喷射系统是由虹吸管、喷射软管和喷嘴组成的，虹吸管是将筒体内灭火剂排出的通道，喷射软管和喷嘴是为喷射灭火剂至火源起导向和扩散作用的部件。

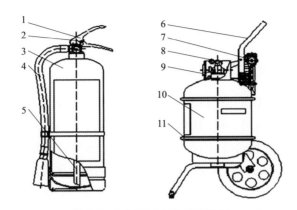

图 8-5　干粉灭火器结构示意图

1，9—器头总成；2，8—保险装置；3，10—筒体总成；4，7—喷筒总成；
5—虹吸管；6—车架总成；11—保护圈

　　推车式干粉灭火器的构造和喷射原理与手提式灭火器基本相同。主要区别有：推车式灭火器由于充装灭火剂重量较大，为便于移动，还安装有车架、车轮等行走机构；喷射软管采用有衬里胶管，长度大于 4m，以便根据火场情况灵活运用；喷射枪上有控制喷射的开闭机构，可以起到间歇喷射的作用。

（二）干粉灭火器的用途与配置

1. BC 干粉灭火器

　　① 适用于扑救可燃液体、可燃气体的初起火灾。例如，石油及其制品、酒精、液化气等。

　　② BC 干粉灭火剂有 50kV 以上的电绝缘性能，也能扑救涉及带电设备的初起火灾。

　　③ 适宜配置于贮存有易燃液体、可燃气体的场所。例如，加油站、汽车库、变配电房及煤气、液化石油气站等处。

2. ABC 干粉灭火器

　　① 适用于扑救可燃固体有机物质、可燃液体、可燃气体的初起火灾。例如，纸张、木竹材料及其制品、纺织材料及其制品、橡塑材料及其制品、石油及其制品、酒精、液化石油气等。

　　② ABC 干粉灭火剂有 50kV 以上的电绝缘性能，也能扑救涉及带电设备的初起火灾。

　　③ 适宜配置于贮存有可燃固体有机物质、易燃液体、可燃气体的场所。例如，仓库、厂房、写字楼、公寓楼、体育场（馆）、影剧院、展览馆、档案馆、

图书馆、商场、加油站、汽车库、变配电房及液化石油气、天然气灌装站、换瓶站、调压站等处。

（三）干粉灭火器的维护与保养

由于灭火器主要用于扑救初起火灾，因此平时必须搞好维护保养工作，以保证在火灾发生时能够及时开启用于灭火作业。

① 灭火器应放置在通风、干燥、阴凉并取用方便的地方，环境温度在－20～55℃为宜。不要受烈日暴晒，或受剧烈振动，且应避免与化学腐蚀物品接触。

② 定期检查灭火器的封记是否完好。如灭火器的封记缺损或一经开启，就必须按规定要求进行检查和再充装，并重新封记。

③ 贮压式灭火器应定期检查压力指示器的指针是否位于绿区，如位于红区或黄区，应及时查明原因，检修后重新充装。

④ 灭火器再充装时，不同类型的干粉灭火剂不能换装。

⑤ 推车式灭火器应定期检查行走机构是否灵活可靠，并及时在转动部分加润滑油。

⑥ 维护作业须由经过培训的专人负责，维修和再充装应送专业维修单位进行。

⑦ 定期检查灭火器压力、重量、有效期等，必要时做喷射试验。

三、二氧化碳灭火器

二氧化碳灭火器是以二氧化碳气体为灭火剂的灭火器，靠二氧化碳灭火剂蒸气压力驱动。按移动方式分为手提式和推车式两类，如图 8-6 所示。

图 8-6　二氧化碳灭火器

（一）二氧化碳灭火器的结构

二氧化碳灭火器的结构和喷射原理类同于贮压式干粉灭火器。该类灭火器主要由无缝气瓶、器头阀门、喷射部件等部分构成。无缝气瓶用来充装液态二氧化碳灭火剂，手提式灭火器的气瓶由铬钼钢或铝合金制成；推车式灭火器的气瓶一般由合金钢制成；器头阀门采用铜材锻制而成。手提式灭火器的阀门一般采用压把式，推车式灭火器一般采用旋转式手轮阀门，在阀门上设有超压安全保护装置。当气瓶内的二氧化碳灭火剂蒸气压超过安全设计压力时，会自行爆破，以释放二氧化碳气体。喷射部件是由虹吸管、喷射软管（或金属连接管）和喇叭喷筒组成，在喇叭喷筒与喷射软管连接处有一个防静电手柄。虹吸管是将气瓶内灭火剂排出的通道，喷射软管（或金属连接管）和喇叭喷筒是为喷射灭火剂至火源起导向和扩散作用的部件。二氧化碳灭火器结构示意图，如图 8-7 所示。

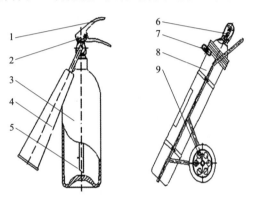

图 8-7 二氧化碳灭火器结构示意图
1，6—器头总成；2—保险装置；3，8—瓶体总成；
4，7—喷筒总成；5—虹吸管；9—车架总成

（二）二氧化碳灭火器的用途与配置

① 二氧化碳灭火器是一种清洁的灭火器，用它灭火时不会对火场的环境造成污染，不腐蚀火场中的仪器设备和贵重物品，灭火后不留痕迹，适宜配置于实验室、图书馆等存有精密仪器、贵重设备、图书资料等场所。

② 适用于扑救可燃液体、可燃气体的初起火灾。例如，石油及其制品、乙醇、液化石油气等。但不能扑救 B 类火灾中的水溶性可燃、易燃液体的火灾，如醇、酯、醚、酮等物质火灾。

③ 具有一定的电绝缘性能，能扑救涉及 600V 以下带电设备的初起火灾。

（三）二氧化碳灭火器的操作使用与注意事项

1. 二氧化碳灭火器的操作使用

① 先将灭火器提到起火地点附近，放下灭火器，拔出保险销，一只手握住

喇叭喷筒根部的防静电手柄，另一只手紧握启闭阀的压把，开启灭火器。

② 对没有喷射软管的二氧化碳灭火器，应把与喇叭喷筒相连的金属连接管往上扳动 70°～90°，使喇叭喷筒呈水平状。需要时不断地抓紧或放松压把，以间歇地喷射灭火。

③ 应设法使二氧化碳集中在燃烧区域以达到灭火浓度。在室外使用时，应选择在上风方向喷射，使灭火剂完全覆盖在燃烧物上，直至将火焰全部扑灭。

④ 当扑救在容器内燃烧的可燃液体时，应使喷射出的二氧化碳灭火剂笼罩在容器的开口表面，但应避免直接冲击液面，防止可燃液体溅出而扩大火势，造成灭火困难。

⑤ 使用推车式二氧化碳灭火器灭火时，一般宜两人操作，两人一起将灭火器推（或拉）至火场，在人可靠近的燃烧物处，一人快速取下喇叭喷筒并展开喷射软管后，握住喇叭喷筒上的防静电手柄，准备灭火；另一人快速拔出保险销，旋开器头手轮阀，并开到最大位置。灭火方法与手提式灭火的方法相同。

2. 二氧化碳灭火器的使用注意事项

① 不宜在室外有大风或室内有强劲空气流处使用，否则二氧化碳会快速地被吹散而影响灭火效果。

② 在狭小的密闭空间使用后，操作人员应迅速撤离，否则容易发生窒息。

③ 使用时不能用手直接握住喇叭喷筒外壁或金属连接管，以防冻伤。

④ 二氧化碳灭火器喷射时会产生干冰，使用时应考虑其会产生冷凝效应。

⑤ 二氧化碳灭火剂的抗复燃性差，因此，扑灭火后，应避免周围存在火种，防止复燃。

⑥ 二氧化碳灭火器不宜扑救大面积固体物质的火灾。

（四）二氧化碳灭火器的维护与保养

① 二氧化碳灭火器一经开启，即使喷出不多，都必须按规定要求进行再充装。再充装应由专业维修部门按照制造厂的要求和方法进行，不得随意更改灭火剂的品种和重量。

② 每次使用后或每隔 5 年，应送维修单位进行水压测试。水压测试压力应与钢瓶肩部所打钢印的数值相同。水压测试的同时，还应对钢瓶的残余变形率进行测定。只有水压测试合格且残余变形率小于 6% 的钢瓶才能继续使用。

③ 推车式灭火器应定期检查行走机构是否灵活可靠，并及时对转动部分加注润滑油。

第二节

利用灭火器扑救初起火灾实训科目

科目一 单人利用手提式干粉灭火器灭固体火

（一）训练目的

通过训练，使参训人员能够正确辨识、检查手提式干粉灭火器，学会利用手提式干粉灭火器灭固体火的操作方法。

（二）场地器材设置

在平整、开阔的场地上标出起点线，在起点线前 1m 标出器材线，10m 处标出终点线。在器材线上放置 5kg 手提式干粉灭火器 1 支，终点线上设有固体燃烧物的火盆，如图 8-8 所示。

图 8-8 单人利用手提式干粉灭火器灭固体火场地器材设置示意图
a—起点线；b—器材线；c—终点线

（三）操作程序

参训人员在起点线一侧 3m 处站成一列横队。

听到"开始"的口令，操作人员按照取出并检查灭火器，跑向着火位置，正确选择灭火阵地，除掉铅封、拔掉保险销和喷射灭火的程序进行操作。

听到"收操"的口令，操作人员收整器材，放回原处。

听到"入列"的口令，操作人员跑步入列。

（四）动作要领

1. 取出并检查灭火器

操作人员根据着火物具体情况，选择适合的灭火器，检查灭火器压力表，看指针是否位于绿色区域，只有在绿色区域才可使用，如图 8-9 所示。

2. 跑向着火位置

操作人员手提干粉灭火器跑向着火位置。由于干粉灭火器存放一定时间后，内部干粉可能会有结块的现象，为达到最佳的灭火效果，可将灭火器上下颠倒几次，如图 8-10 所示。

(a)

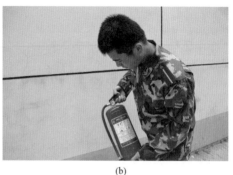
(b)

图 8-9 取出并检查灭火器动作要领

(a)

(b)

图 8-10 跑向着火位置动作要领

3. 正确选择灭火阵地

操作人员在距离火源约 2m 位置停住，在室外时注意要选择在上风方向，如图 8-11 所示。

图 8-11 选择灭火阵地动作要领

4. 除掉铅封，拔掉保险销

操作人员除掉铅封、拔掉保险销，如图 8-12 所示。

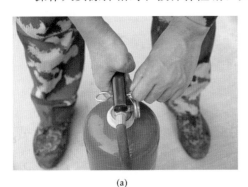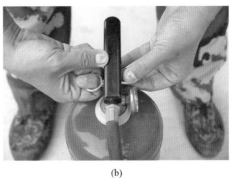

(a)   (b)

图 8-12 除铅封、拔保险销动作要领

5. 喷射灭火

操作人员一手握喷嘴，瞄准火源根部，一手按下压把扫射灭火，如图 8-13 所示。

(a)   (b)

图 8-13 喷射灭火动作要领

（五）操作要求

① 干粉灭火器在喷射灭火过程中应始终保持直立状态，不能横卧或颠倒使用，否则不能喷粉；

② 干粉灭火剂有腐蚀性，因此不适宜在有精密仪器设备的场所或博物馆等处使用；

③ 室外使用灭火器灭火时应根据风向选择上风方向进行灭火操作。

（六）成绩评定

灭火器使用方法符合操作规程要求，灭火阵地选择合理，灭火效果良好为合格。

（七）安全注意事项

① 干粉对人的呼吸道有刺激作用，甚至有窒息作用，喷射干粉时，被干粉雾罩的区域内，特别是在有限空间内，不得有人、畜停留；

② 正确选择灭火阵地，防止烧伤。

科目二　双人利用推车式干粉灭火器灭油火

（一）训练目的

通过训练，使参训人员能够正确辨识、检查推车式干粉灭火器，学会利用推车式干粉灭火器灭油火的操作方法。

（二）场地器材设置

在平整、开阔的场地上标出起点线，在起点线前 1m 标出器材线，10m 处标出终点线。在器材线上放置 20kg 推车式干粉灭火器 1 支，终点线上设有油类燃烧物的火盆，如图 8-14 所示。

图 8-14　双人利用推车式干粉灭火器灭油火场地器材设置示意图

a—起点线；b—器材线；c—终点线

（三）操作程序

操作人员在起点线一侧 3m 处站成一列横队。

听到"开始"的口令，两名操作人员按照检查并运送推车式灭火器，取下喷枪、展开管路、除掉铅封、拔掉保险销、打开供气阀和喷射灭火的程序进行操作。

听到"收操"的口令，操作人员收整器材，放回原处。

听到"入列"的口令，操作人员跑步入列。

（四）动作要领

1. 检查并运送推车式灭火器

操作人员根据着火物具体情况，选择适合的灭火器，先检查灭火器的压力表指针是否位于绿色区域，再将推车推至现场距离火源约 4m 位置，并结合风向确定停车位置，如图 8-15 所示。

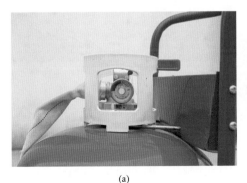

(a)　　　　　　　　　　　　(b)

图 8-15　检查并运送推车式干粉灭火器动作要领

2. 取下喷枪、展开管路

一人取下喷枪，展开管路，跑至距离火源约 2m 位置准备灭火，如图 8-16 所示。

3. 除掉铅封、拔出保险销、打开喷射阀门

另一名操作人员除掉铅封、拔出保险销，然后打开喷射阀门，如图 8-17 所示。

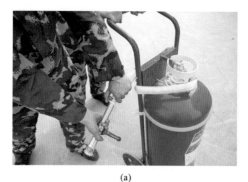

(a)

(b)

图 8-16　取下喷枪、展开管路动作要领

(a)

(b)

图 8-17　除铅封、拔保险销、打开喷射阀门动作要领

4. 喷射灭火

操作人员手握喷枪，打开开关，对准火焰喷射，不断靠前左右摆动喷枪，把干粉笼罩在燃烧区，直至把火扑灭为止，如图 8-18 所示。

(a)

(b)

图 8-18　喷射灭火动作要领

（五）操作要求

① 干粉灭火剂有腐蚀性，因此不适宜在有精密仪器设备的场所或博物馆等处使用；

② 室外使用灭火器灭火时应根据风向选择上风方向进行灭火操作。

（六）成绩评定

灭火器使用方法符合操作规程要求，灭火阵地选择合理，二人配合默契，灭火效果良好为合格。

（七）安全注意事项

① 干粉对人的呼吸道有刺激作用，甚至有窒息作用，喷射干粉时，被干粉雾罩的区域内，特别是在有限空间内，不得有人、畜停留；

② 正确选择灭火阵地，防止烧伤。

第九章 火场逃生技能训练

09

火灾现场是高温、烟尘、缺氧、毒气和房屋倒塌等各种危险因素叠加的险恶环境，而且是随着时间推移不断发展变化的，消防员在执行消防救援任务时，经常会遇到自身安全受到严重威胁、需要紧急逃生的情形，这就需要消防员利用现场一切可以利用的条件实施火场逃生，以确保自己安全。

火场逃生技能，是指消防员在消防救援现场受到火势、浓烟围困，无法从既有通道撤离，而利用各种现有器材开辟逃生通道的专项技能。

火场逃生技能训练的主要目的是使参训人员了解在不同情况下逃生的方法，掌握利用各种现有器材逃生的操作要领和操作注意事项而开展的专项技能训练。在不同的火场情况下，火场逃生技能有不同的表现形式，本章重点介绍在建筑物发生火灾时利用安全绳、水带及消防梯逃生的基本方法。

第一节

基本结绳法与锚点制作

安全绳是常用的逃生器材，在各种消防救援现场有着广泛的应用。在建筑物火灾现场，安全绳可以作为被困人员逃生的重要工具，同时也可以为进入充满烟雾的现场搜寻被困者的消防员提供导向指引，以便消防员能够安全撤出；在高空救援、山岳救助等场合下，救援人员可以利用安全绳建立索道，为被困人员的救助开辟救生通道；在水难救助过程中，救援人员可以将安全绳捆系在救生圈上，然后投掷给水面正在溺水呼救的人员，也可以将安全绳捆系在潜水员身上，用来当做潜水救援时的信息传递的媒介和安全保护措施。本节内容中所涉及的安全绳，应符合《消防用防坠落装备》（XF 494—2004）的相关要求，其他涉及的器材，也应符合该标准中的相关规定。

利用安全绳进行火场逃生技能训练是一项具有较高危险性的训练内容，它所需要的基础技能主要有安全绳的检查、基本结绳法及安全绳锚点制作技能等。

一、安全绳的检查

检查安全绳内芯主要是通过"眼观"和"手摸"两种方法，如图 9-1 所示。

眼观：安全绳是否有内芯外露的情况。

手摸：安全绳是否有"鼓起"或"脱肠"的部位。

如果安全绳发生内芯外露、鼓起、脱肠等情况，应立即停止使用这条安全绳。

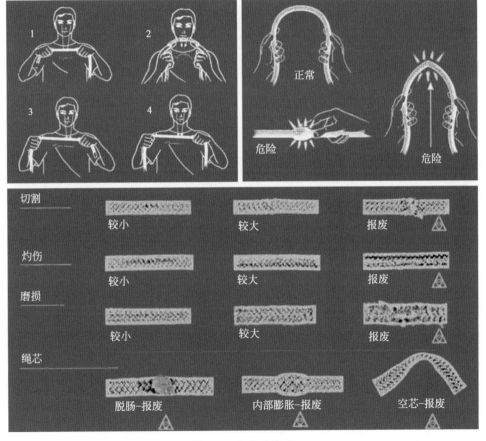

图 9-1　安全绳检查

二、基本结绳法

绳结的制作方法多种多样，功能各不相同，但在消防救援过程中经常用到的绳结并不多，因此只需牢固掌握其中常用绳结即可，重点是在实践中能够熟练、正确地应用。

为便于叙述绳结的制作过程，在学习绳结具体制作方法之前先统一安全绳各个部位的名称，如图 9-2 所示。

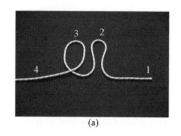
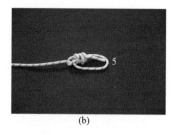

(a) (b)

图 9-2　安全绳各部分名称

1—绳头，安全绳一端的起始位置；2—绳耳，安全绳弯曲但没有形成绳环的状态；
3—绳环，安全绳弯曲形成圆环的状态；4—主绳，绳头、绳耳、绳环之后的主体部分；
5—绳圈，已经制作好的绳圈

（一）基本的绳结

1. 单结

单结构造比较简单，一般情况下不单独使用，它是制作其他绳结的基础。单结的制作步骤，如图 9-3 所示。

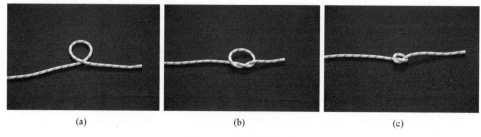

(a) (b) (c)

图 9-3　单结制作步骤

2. 双环单结（加固结）

双环单结（加固结）主要用于给其他需要进行加固的绳结加固使用。双环单结的制作步骤，如图 9-4 所示。

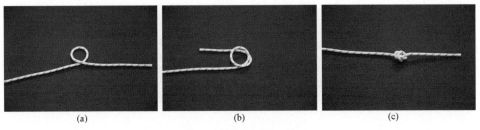

图 9-4　双环单结制作步骤

3. "8"字结

"8"字结结构简单，是制作其他绳结的基础。另外，"8"字结也称为止结，通常在安全绳的一端，防止器材从绳上掉落。"8"字结的制作步骤，如图 9-5 所示。

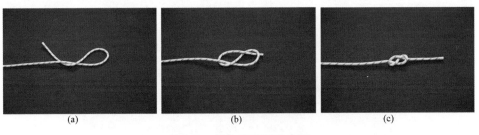

图 9-5　"8"字结制作步骤

（二）制作绳圈

1. 腰结

腰结主要用于在安全绳一端制作一个绳圈，腰结的制作步骤，如图 9-6 所示。

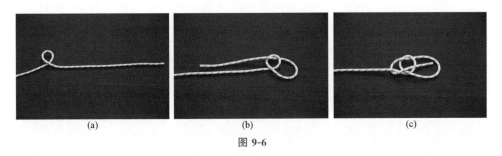

图 9-6

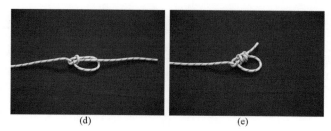

(d)　　　　　　　　　　(e)

图 9-6　腰结制作步骤

2. 桶结

桶结主要用于在安全绳一端制作一个绳圈，桶结的制作步骤，如图 9-7 所示。

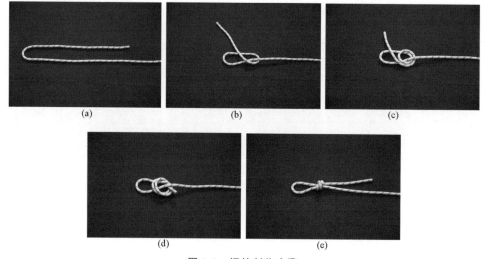

(a)　　　　　　　(b)　　　　　　　(c)

(d)　　　　　　　　　　(e)

图 9-7　桶结制作步骤

3. 蝴蝶结

蝴蝶结主要用于在安全绳中部位置制作绳圈。蝴蝶结的制作步骤，如图 9-8 所示。

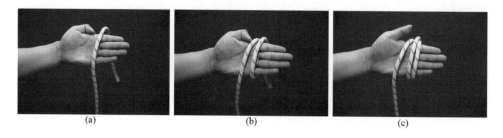

(a)　　　　　　　(b)　　　　　　　(c)

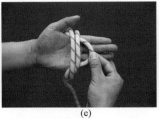
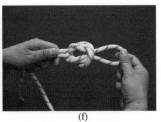

图 9-8　蝴蝶结制作步骤

4. 单圈"8"字结

单圈"8"字结主要用于在安全绳一端制作一个绳圈,单圈"8"字结的制作步骤,如图 9-9 所示。

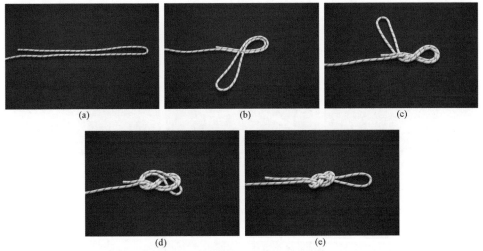

图 9-9　单圈"8"字结制作步骤

5. 双圈"8"字结

双圈"8"字结主要用于在安全绳一端制作两个绳圈,以便缚着连接被困人员,或者制作锚点时使用,双圈"8"字结的制作步骤,如图 9-10 所示。

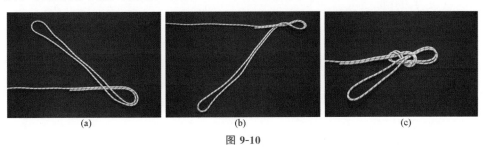

图 9-10

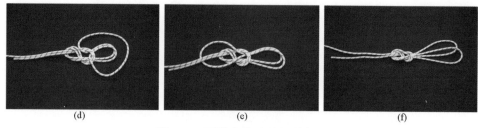

(d)   (e)   (f)

图 9-10　双圈"8"字结制作步骤

6. 双套腰结

　　双套腰结的作用是在安全绳一端同时制作两个绳圈，这两个绳圈在实际使用过程中，经常要套在人的两条大腿根部，所以制作完成后，绳圈的大小要合适。双套腰结的制作步骤，如图 9-11 所示。

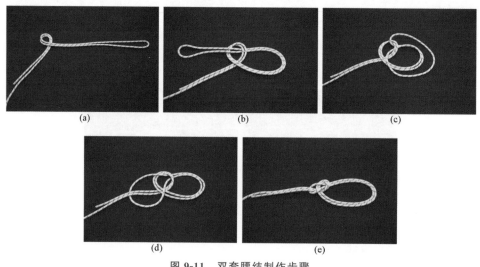

(a)   (b)   (c)

(d)   (e)

图 9-11　双套腰结制作步骤

（三）捆绑

1. 卷结

卷结是常用的用来捆绑固定物体的绳结。卷结的制作步骤，如图 9-12 所示。

2. 双绕双结

双绕双结也是常用的捆绑固定物体的绳结。双绕双结的制作步骤，如图 9-13 所示。

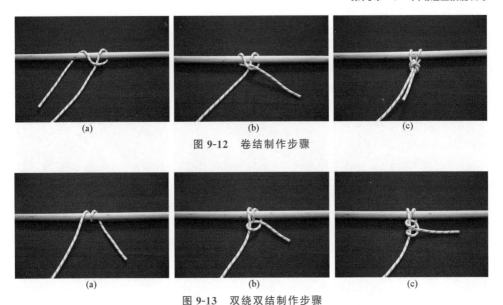

图 9-12　卷结制作步骤

<table>
</table>

(a)　　　　　　　(b)　　　　　　　(c)

图 9-13　双绕双结制作步骤

（四）连接

1. 双平结

双平结是一种基本的连接安全绳的方法，主要用来连接两条直径相同或相近的安全绳。双平结的制作步骤，如图 9-14 所示。需要指出的是，正确的双平结的两个绳头应在同一侧，若在两侧，则是制作错误，如图 9-14（f）所示。

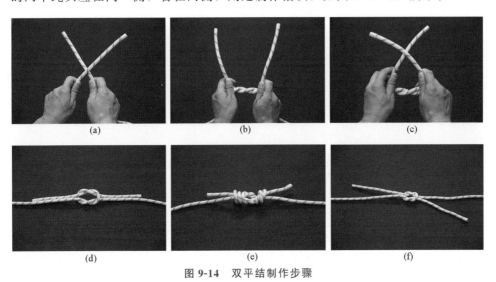

(a)　　　　　　　(b)　　　　　　　(c)

(d)　　　　　　　(e)　　　　　　　(f)

图 9-14　双平结制作步骤

2. 双重连接

双重连接也是一种基本的连接方法，主要用来连接两条直径不同的安全绳。双重连接的制作步骤，如图 9-15 所示。

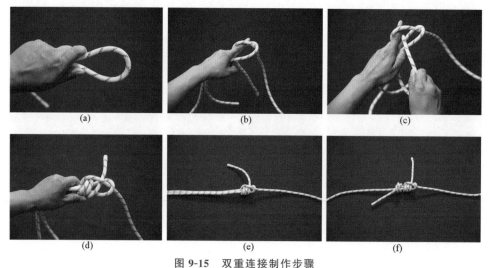

图 9-15　双重连接制作步骤

3. 双水手结

双水手结也是一种连接直径相同安全绳的方法，双水手结的制作步骤，如图 9-16 所示。

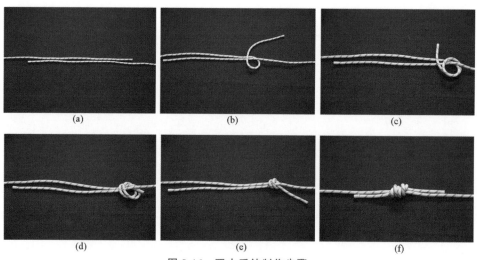

图 9-16　双水手结制作步骤

4. 反穿"8"字结

反穿"8"字结也是一种连接直径相同安全绳的方法，反穿"8"字结的制作步骤，如图 9-17 所示。

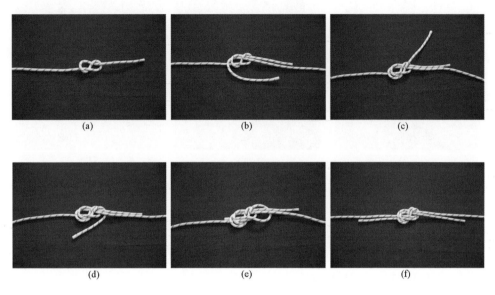

图 9-17　反穿"8"字结制作步骤

三、安全绳锚点的制作

安全绳锚点，是指在利用安全绳进行救援过程中，安全绳所承担的负荷直接作用的那个点上，通常将合适的固定支撑物上制作合适的绳结之后，称之为安全绳锚点。建立一个可靠的安全绳锚点首先要选择坚固、可靠的固定支撑物，在此基础之上，再制作合适的绳结，最终形成安全绳锚点。

（一）固定支撑物的选取

固定支撑物是制作安全绳锚点的前提，固定支撑物是否坚固可靠直接关系到安全绳救助活动能够安全、顺利的实施。建筑物内部常见的可以用来充当固定支撑物的有粗壮的室内管道、承重立柱等，室外常见的有粗壮的树木等，如图 9-18 所示。

(a)

(b)

(c)

图 9-18　可以制作锚点的固定支撑物

（二）制作合适的绳结

1. 直接利用长绳制作锚点

当消防员需要沿着安全绳下降时，需要将安全绳捆绑在固定支撑物上，此时可以利用单圈"8"字结、卷结和双绕双结等制作锚点，如图 9-19 所示。

2. 利用短绳制作下放锚点

当需要在锚点上悬挂滑轮或者制作缓降器等装置时，需要用短绳制作锚点，此时可以利用连接的方法实施，如图 9-20 所示。

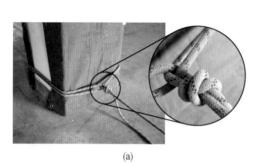

(a)

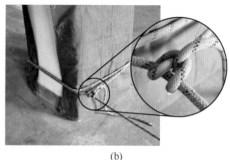

(b)

图 9-19　利用长绳直接制作锚点

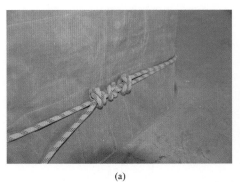 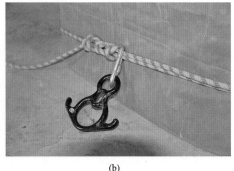

(a)　　　　　　　　　　　　　　(b)

图 9-20　利用短绳制作下放锚点

第二节

利用安全绳火场逃生实训科目

科目一　利用安全绳楼层自救逃生

利用安全绳楼层自救逃生，是指消防员运用下降器材，通过安全绳下降到安全区域的方法，也叫悬垂下降，广泛应用于高层建筑、山地、竖井等灾害现场的救援工作。

（一）训练目的

通过训练，使参训人员学会利用下降器进行楼层逃生的方法，掌握下降的动作要领，同时克服高空作业的恐惧感，增强心理的稳定性，提高在各种复杂情况下进行空中救助作业的技能水平，以胜任未来灭火救援的需要。

（二）场地器材设置

训练塔1座，在训练塔八层向地面设置悬垂绳1条，地面留余长2m，在训练塔底部放海绵垫1块，训练塔前10m处划1条起点线，如图9-21所示。

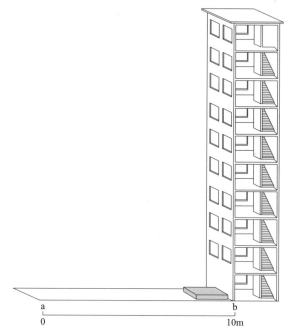

图 9-21 利用安全绳楼层自救逃生场地器材设置示意图
a—起点线；b—塔基线

（三）操作程序

参训人员在起点线一侧 3m 处站成一列横队。

听到"第一名，出列"的口令，操作人员跑步至起点线成立正姿势。

听到"准备器材"的口令，操作人员检查并携带好器材回起点线站好。

听到"预备"的口令，操作人员做好操作准备。

听到"开始"的口令，操作人员携带器材沿楼梯跑至训练塔八楼窗口，按照连接下降器、骑坐窗台、出窗、移步下降、紧急下降、制动着地的先后顺序操作，到达地面后，举手喊"好"。

听到"收操"的口令，操作人员卸下下降器，成立正姿势。

听到"入列"的口令，操作人员跑步入列。

（四）动作要领

1. 连接下降器

操作人员将悬垂绳连接到 8 字环（下降器）上，如图 9-22（a）所示。

2. 骑坐窗台

操作人员抬起右脚跨出窗外，使身体骑坐在窗台上，将 8 字环向外调整，至超过窗台板边缘约 20cm，然后右手紧握安全绳下端，贴紧髋部，做好出窗准备，如图 9-22（b）所示。

3. 出窗

操作人员躯干俯卧在窗台板上，右手握紧安全绳，向下伸至训练塔壁之上，如图 9-22（c）所示。在右手握紧安全绳的同时，操作人员将身体移出窗外，并将身体逐渐调整成准备下降的姿势，如图 9-22（d）所示。

4. 下降

操作人员主要采用移步下降的方式下降，当遇到障碍物体时，可以采用紧急下降的方式下降，如图 9-22（e）所示。

图 9-22 利用安全绳楼层自救逃生动作要领

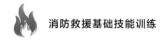

5. 制动着地

操作人员在距离地面约 2m 时，右手进行制动，然后着地，着地完成后，成立正姿势报告"操作完毕"。

（五）操作要求

① 下降器连接方法正确，安全钩要锁牢；
② 下降过程中双手要定位，两腿要端平；
③ 下降时，手脚动作要协调，保持身体的稳定性。

（六）成绩评定

操作人员个人防护措施到位，下降动作规范，符合操作要求为合格。

（七）安全注意事项

① 安全绳经过窗口拐角位置时，应设置垫布进行保护；
② 地面应设置安全员，从底部操作安全绳进行保护。

科目二　利用安全绳从楼层向下疏散救人

（一）训练目的

通过训练，使参训人员掌握制作安全绳锚点以及下放被困人员的方法，明确操作注意事项，为将来参加灭火与应急救援奠定技能基础。

（二）场地器材设置

训练塔 1 座，在训练塔六层室内预先设置好坚固的支撑物，训练塔前 10m 处划 1 条起点线，参见图 9-21 利用安全绳楼层自救逃生场地器材设置示意图。

（三）操作程序

参训人员在起点线一侧 3m 处站成一列横队。
听到"前两名，出列"的口令，操作人员跑步至起点线成立正姿势。
听到"准备器材"的口令，操作人员检查并携带好器材回起点线站好。
听到"开始"的口令后，操作人员携带器材沿楼梯跑至训练塔六楼室内，按照制作安全绳锚点、连接下降器、向下释放、监视、着地的先后顺序操作，到达地面后，模拟被困人员举手喊"好"。

听到"收操"的口令，操作人员解除安全绳锚点，成立正姿势。

听到"入列"的口令，操作人员跑步入列。

（四）动作要领

1. 连接被困人员

操作人员利用安全绳制作双套腰结，并在被困人员身上制作身体结索，如图9-23所示。

(a)　　　　　　　　　　　　　(b)

图 9-23　连接被困人员

2. 制作安全绳锚点

操作人员在室内寻找适合的支撑物，并利用安全绳制作锚点。

3. 连接下降器

操作人员将下降器与安全绳锚点进行连接，如图9-24所示。

4. 出窗

被困人员在操作人员的协助下，从窗口出窗到室外，如图9-25所示。

5. 监视

在向下释放被困人员的过程中，应在窗口安排一人监视下降过程，同时指挥另一人对下降器的释放操作，如图 9-26 所示。

图 9-24　连接操作　　　　图 9-25　出窗动作要领　　　图 9-26　监视动作要领
下降器动作要领

6. 下放

两名操作人员相互配合，一名监视指挥，一名操作下降器，将被困人员下放至安全区域，如图 9-27 所示。

(a)　　　　　　　　　　　　　　　　　(b)

图 9-27　下放动作要领

（五）操作要求

① 下降器连接方法正确，安全钩要锁牢；

② 下放过程中，下降器的操作人员应在监视人员的指挥下进行下放操作。

（六）成绩评定

操作人员个人防护措施到位，下放动作规范，符合操作要求为合格。

（七）安全注意事项

安全绳经过窗口拐角位置时，应设置垫布进行保护。

第三节

利用水带、消防梯火场逃生实训科目

科目一　利用水带火场逃生

利用水带从楼层自救逃生，是指消防员在火灾现场发生紧急情况下，通过建筑外部已经架设好的进攻水带线路进行自救逃生的方法。

（一）训练目的

通过训练，使参训人员掌握利用水带火场逃生技能训练的方法和操作要求。

（二）场地器材设置

在训练塔前 15m 处停放消防车 1 辆，正对消防车出水口处地面划器材线，在器材线上放置水枪 1 支、65mm 快口水带 1 盘、80mm 快口水带 1 盘、分水器 1 支、5m 小绳 3 根、5m 扁带两条、安全钩 2 个、滑轮 1 个、长 30m 直径 12.5mm 下降主绳 1 条、对讲机 2 部，如图 9-28 所示。

（三）操作程序

参训人员在起点线一侧 3m 处站成一列横队。

听到"前四名，出列"的口令，操作人员答"是"，跑步至起点线成立正姿势。

听到"预备"的口令，操作人员检查器材，四名操作人员分别携带对应器材

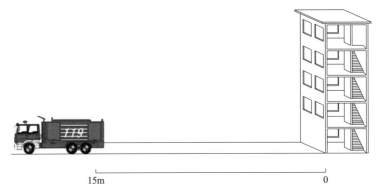

15m   0

图 9-28　利用水带火场逃生场地器材设置示意图

做好操作准备。

听到"开始"的口令，①号员携带器材至训练塔三楼窗口，按照打开水带、连接水枪、捆绑水带、下放水带、连接水带挂钩、注水、逃生下降的程序操作，②号员按照连接干线水带、连接分水器、连接支线水带的程序进行操作，③号员携带保护器材，安装备份保护系统，安装完毕后③号员协助①号员下降，④号员在地面做好保护，所有操作至①号员双脚着地止。

听到"收操"的口令，操作人员将器材恢复原位，成立正姿势。

听到"入列"的口令，操作人员跑步入列。

（四）动作要领

1. 预备

操作人员检查器材装备情况，然后在起点线后立正站好，准备进行操作，如图 9-29（a）所示。

2. ①号员动作要领

①号员听到"开始"口令后，携带 1 盘 65mm 水带、水枪、小绳 3 根、对讲机 1 部，跑至三楼窗口，向室内方向打开水带，水带一头连接水枪并关闭水枪开关，用小绳做普鲁士抓结捆绑住水带，两个绳头处打双股单结，用另一根小绳在水管上打双股绕双结，将一侧双股绳尾反穿之前的双股单结并收紧，之后从三楼窗口缓慢下放水带的另一侧，直至到达地面，后在窗口用小绳制作普鲁士抓结、双绕双结模拟水带挂钩将水带挂住，确认无误后，呼叫②号员对水带注水，检查两个普鲁士抓结是否调整好，后在③号员的协助下双手抓水带，缓慢翻出窗口，双腿夹住水带，双手抓握水带，缓慢下降至地面，如图 9-29（c）、（d）、（e）、（h）、（i）所示。

3. ②号员动作要领

②号员听到"开始"口令后，在起点线打开 80mm 水带，一端连接消防车出水口后携带分水器，对讲机 1 部，跑至训练塔底连接干线水带与分水器，待支线水带从上方放下后，连接支线水带与分水器接口并确保分水器干线其他出水口处于关闭状态，完毕后回到消防车出水口位置，等待①号指令对水带进行注水，如图 9-29（b）所示。

4. ③号员动作要领

③号员听到"开始"口令后，携带 30m 下降主绳、安全钩 2 个、扁带 2 条、滑轮 1 个，跑至四楼窗口，在牢固位置分别打水结，钩挂安全钩与滑轮，打开主绳，将绳头一端穿过滑轮并下放给地面 4 号员，另一端打双股八字结并钩挂安全钩，下放至三楼窗口，后下降至三楼窗口，将保护绳上安全钩与 1 号员身上腰带进行钩挂，协助①号员安全出窗，如图 9-29（f）、（g）所示。

5. ④号员动作要领

④号员听到"开始"口令后，在地面等待③号员下方保护绳，后操作保护绳，协助①号员下降地面，如图 9-29（j）所示。

(a)

(b)

(c)

(d)

图 9-29

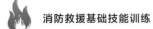

图 9-29　利用水带火场逃生动作要领

（五）操作要求

① 安全钩丝扣锁必须锁闭；

② 水带挂钩必须挂在合适位置；

③ 供水压力在 1MPa 左右；

④ 保护绳应不受力，处于跟随保护状态。

（六）成绩评定

操作人员个人防护措施到位，全部操作符合操作程序与操作要求，达到火场逃生目的为合格。

（七）安全注意事项

① 跑动中防止被水带绊倒；
② 选择牢固的点作为锚点；
③ 下滑过程中应保持较慢的匀速；
④ 从分水器其他出水口卸放水带压力。

科目二　利用消防梯火场逃生

利用消防梯从楼层自救逃生，是指消防员在火灾现场发生事故后，消防员通过建筑外部架设的好消防梯，快速撤离火灾现场的方法。该方法适用于除挂钩梯外的各类拉梯架设救援现场，可使消防员迅速从低楼层受困区域撤。

（一）训练目的

通过训练，使参训人员掌握利用消防梯火场逃生技能训练的方法和操作要求。

（二）场地器材设置

在训练塔二层窗口边缘下方架设 6m 拉梯 1 部，上梯顶住窗口下沿，梯体与地面夹角呈 60°左右，如图 9-30 所示。二层窗口上方用扁带、安全钩、滑轮、30m 主绳制作绳索保护系统。

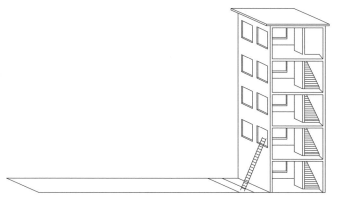

图 9-30　利用消防梯火场逃生场地器材设置示意图

（三）操作程序

参训人员在训练塔拉梯一侧 3m 处站成一列横队。

听到"第一名，出列"的口令，操作人员答"是"，跑步至二层平台成立正姿势。

听到"预备"的口令，操作人员检查器材，钩挂保护绳至腰带后部，做好操作准备。

听到"开始"的口令，操作人员探出窗口，按照动作要领下滑至地面，下方人员做好操作梯子稳定保护及绳索保护。

听到"收操"的口令，操作人员将保护绳卸下，成立正姿势。

听到"入列"的口令，操作人员跑步入列。

（四）动作要领

1. 预备

操作人员检查器材装备情况，然后钩挂保护绳至腰带后部，准备进行操作。

2. 探身出窗

操作人员身体向外探出，将右臂从倒数第一、二梯蹬之间伸入，右手反手抓握倒数第三梯蹬，左手准备反手抓握倒数第四梯蹬，如图 9-31（a）所示。

3. 抓蹬转体

操作人员身体彻底探出窗口，探出同时左手反手抓握倒数第四梯蹬，身体出窗后左、右手撑，右臂钩，向左侧稳定转体，180°转体后使身体完全贴于拉梯上，如图 9-31（b）、（c）所示。

4. 下滑至地面

操作人员调整姿势，双手抓左右梯梁外侧，双脚及大腿内侧分别贴于左右梯梁，然后稳定下滑至地面，如图 9-31（d）所示。

（五）操作要求

① 安全钩丝扣锁必须锁闭；

② 可以选择变换钩挂的手臂和出窗方向；

③ 探出时要胆大心细，尽量降低身体重心。

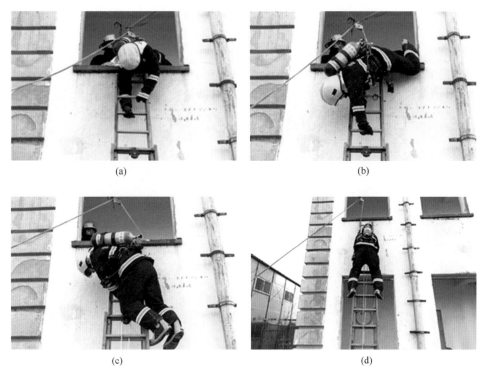

图 9-31　利用消防梯火场逃生动作要领

（六）成绩评定

　　操作人员个人防护措施到位，全部操作符合操作程序与操作要求，到达火场逃生目的为合格。

（七）安全注意事项

　　① 务必缓慢下滑，防止下滑过快受伤；
　　② 保护人员做好安全保护。

参 考 文 献

［1］公安部消防局. 新兵入伍训练. 昆明：云南人民出版社,2011.

［2］公安部消防局. 消防大队中队训练. 昆明：云南人民出版社,2011.

［3］公安部消防局. 灭火器材. 北京：群众出版社，2014.

［4］李本利，陈智慧. 消防技术装备. 北京：中国人民公安大学出版社，2014.

［5］公安部消防局. 消防员中级技能. 南京：南京大学出版社，2015.